LES TERRITOIRES URBAINS DE L'ENFANT

5-7, rue de l'Ecole polytechnique ; 75005 Paris

http://www.librairieharmattan.com
diffusion.harmattan@wanadoo.fr
harmattan1@wanadoo.fr

ISBN : 978-2-296-02925-5
EAN : 9782296029255

Kyriaki Tsoukala

LES TERRITOIRES URBAINS DE L'ENFANT

L'Harmattan

Balya, Thessalonique, Genève, Paris
...itinéraire inachevé

TABLE

AVANT-PROPOS

Les pages de cette étude reflètent les préoccupations théoriques et une recherche expérimentale de presque deux décennies. Il s'agit d'un parcours interdisciplinaire qui a révélé certains aspects de l'architecture du bâtiment et de la ville.

L'homme, en tant que «contenu» de l'espace bâti, indique à l'architecture des canaux de communication avec d'autres domaines du savoir qui sont directement ou indirectement liés à sa nature matérielle. La qualité plastique et technologique de l'espace bâti se mêle à des caractéristiques sociales et psychologiques, étant donné que l'espace est produit à travers des processus sociaux et est vécu par les hommes qui l'habitent. Cet espace vécu qui vient «ajouter» de nouvelles qualités à une organisation initiale matérielle et sémiotique a retenu notre intérêt. La recherche des qualités psychosociologiques, au centre de nos activités scientifiques, a fait naître le besoin d'aborder des objets de connaissance qui font partie des sciences du comportement. Des notions, des théories et des méthodes de la psychologie de l'environnement et de la géographie du comportement ont été utilisées dans les approches, l'étude et les analyses de l'espace bâti que nous avons effectuées pendant cette période visant à renforcer le projet «anthropocentrique». Nous nous sommes écartée par moments de notre direction principale à cause du désir et de la nécessité de liaison du particulier au général, du désir de prendre en compte des objets de recherche plus globaux et moins spécifiques. Ces situations divergentes, harmonieuses ou conflictuelles dans l'activité de recherche renforcent le sujet principal et contribuent d'une façon déterminante aux processus de sa compréhension et de son interprétation.

L'objet de cette recherche -la relation de l'enfant avec la ville- et la justification de son choix sont développés dans la première partie de l'introduction de cette étude. La deuxième partie de l'introduction présente notre problématique concernant la ville contemporaine, ses caractéristiques ainsi que la perspective d'évolution de l'espace public et de la vie publique. En nous concentrant sur l'enfant, sur la façon avec laquelle il se déplace et agit dans les ensembles urbains contemporains, nous posons des questions ayant trait à la qualité de la relation entre l'enfant et l'espace urbain en faisant sommairement référence, avec un esprit comparatif et critique, à des caractéristiques «historiques» de cette relation, à des modifications qui sont observées du Moyen Age à la période de la ville moderne et postmoderne. Cette partie de l'introduction traite aussi des questions qui concernent la construction de l'image de l'espace chez les enfants et constituent le deuxième axe de la problématique. De là découleront des interrogations qui sont principalement liées à l'aspect épistémologique des phénomènes examinés, au système des facteurs qui agissent sur l'information environnementale sensorielle et la transforment en représentation mentale de l'espace réel. Ces deux axes de la problématique concourent à la formulation finale des questions et des hypothèses que nous avons tenté de vérifier par les expériences effectuées pendant cette période.

Le reste de cette étude est composé de deux parties. Cette distinction a été opérée sur le critère de notre position épistémologique et de l'objet de la recherche expérimentale. De cette façon, la première partie comprend les recherches sur les espaces publics familiers de la ville. Le comportement de l'enfant dans ces espaces a été étudié dans le cadre de l'interactionnisme qui est aussi présenté de façon analytique dans le troisième chapitre. L'objet du quatrième chapitre est le comportement spatial de l'enfant dans l'environnement scolaire. Nous examinons ici l'image que l'élève se forme de l'espace fermé et ouvert de son école, ses critères d'évaluation, le rôle de la pratique pédagogique et de l'organisation spatiale dans sa reconstruction mentale. Cette recherche n'est pas isolée d'études correspondantes qui ont été réalisées par d'autres chercheurs. Au contraire, elle est soumise à un commentaire critique dans sa comparaison avec ces dernières en ce qui concerne l'aspect épistémologique et l'approche méthodologique. Le cinquième chapitre examine la représentation mentale d'un trajet familier, trajet qui a comme point de départ le domicile de l'enfant et comme point d'arrivée son école. La recherche se développe immédiatement après la précision des termes utilisés, la référence à leur dimension «historique», la permanence de certaines caractéristiques des «trajets» et la modification de certaines autres et enfin après la citation d'études correspondantes et leur comparaison avec notre propre recherche. Dans le sixième chapitre, nous étudions le «quartier», toujours par rapport aux activités et aux réseaux des relations sociales que l'enfant développe dans ses limites. L'inventaire et la reconnaissance de ces réseaux sont liés aux représentations mentales de cet espace dans lesquelles est consigné son caractère familier ou non familier, se déclare son intégration au système des espaces «accueillants» ou «distants» et s'inscrit l'attitude de territorialité ou d'indifférence de l'enfant. L'influence des caractéristiques spatiales/géographiques sur le comportement de l'enfant est aussi étudiée dans ce chapitre, comme par ailleurs dans chaque recherche expérimentale comprise dans cette étude. Il faut noter que le septième chapitre traite initialement de l'approche diachronique du terme «quartier», de laquelle surgissent des questions spécifiques auxquelles notre recherche répond. La comparaison avec d'autres études expérimentales aide ici aussi à la description de notre contribution personnelle à cette question. Dans le septième chapitre, nous regroupons les conclusions de recherches qui se rapportent à la conception des limites entre l'espace public et l'espace privé et plus précisément de celles qui concernent l'habitation et son environnement «extérieur» direct. Des définitions notionnelles de la limite et ses significations dans divers courants philosophiques et sociologiques composent la partie introductive de ce chapitre et encadrent théoriquement la recherche expérimentale. Ce chapitre clôt la première partie de cette étude.

La seconde partie de notre travail comprend cinq chapitres. Cette partie a comme objet les espaces distants, c'est-à-dire ceux qui se trouvent en dehors des limites de la «zone d'habitation» de l'enfant. Des études bibliographiques ayant pour objet le fondement épistémologique de la recherche expérimentale ainsi que des recherches réalisées par d'autres chercheurs sur le même objet sont développées dans les huitième et neuvième chapitres. La référence à des questions épistémologiques est dictée par notre glissement de l'interactionnisme à l'interactionnisme social au cours de cette deuxième étape de nos travaux. Cette approche épistémologique est tentée par nous pour la première fois dans le champ des sciences de l'espace, ce qui explique la difficulté de l'invention des termes, de la formulation des définitions et de la formation d'un système de notions capable de constituer un schéma interprétatif des phénomènes étudiés. Dans le dixième chapitre, sont répertoriées et analysées les activités des enfants dans deux villes grecques, d'importante et de faible population, selon l'approche épistémologique que nous proposons. Le onzième chapitre met en relation ces catégories d'activités avec les représentations mentales de la ville, en essayant à travers ce cadre de comprendre les différentes catégories de «ville» qui résultent de l'analyse du matériau primaire de la recherche. Dans le douzième chapitre est isolée la représentation mentale du centre de la ville, son image est analysée en profondeur, ses limites subjectives sont étudiées ainsi que ses formes, ses parties pleines et vides et en général ses mutations subjectives. La mise en relation de tous ces éléments avec les catégories d'activités qui ont été étudiées dans le dixième chapitre et avec d'autres variables de la recherche interprète l'image du centre de la ville.

Dans la conclusion sont ressemblées les propositions que nous avons formulées tout au long de l'étude, selon les recherches expérimentales susmentionnées et qui concernent l'organisation fonctionnelle et formelle de l'espace de la ville, ses facteurs urbains partiels (l'environnement scolaire, le trajet, la zone d'habitation, des parties plus vastes du tissu urbain). Ici, la question dominante est de savoir comment nous pouvons à travers le projet créer un environnement «accueillant» pour les enfants, impliquer l'espace urbain en tant que structure matérielle et sociale dans les processus de développement et d'éducation de l'enfant, indépendamment des dernières tendances qui apparaissent en architecture et dans la théorie et la pratique de l'urbanisme et qui se dirigent vers la création de «villes virtuelles protégées et circonscrites» à l'intérieur des villes (indifférentes à la continuité spatiale et sémiotique du tissu urbain). Dans la conclusion sont développées les directions générales concernant la réalisation des objectifs évoqués auparavant selon des critères géographiques, sociologiques et psychologiques que la recherche a postulés ou qui sont intervenus au cours de son élaboration.

Cette activité de recherche de longue durée doit son existence à des questions que nous avons posées autour de la notion de projet «anthropocentrique» et à celles formulées par les étudiants de l'Ecole d'Architecture de l'Université de Thessalonique lors de cours théoriques et de travaux pratiques. C'est ce double caractère de nos travaux, didactique et de recherche, que nous désirons souligner ici pour signaler le rôle du processus éducatif dans l'évolution de la recherche.

Nous devons remercier les étudiantes et les étudiants pour leur participation active aux discussions sur le sujet, pour leur intérêt qui a constamment aidé à élargir nos horizons de recherche grâce à des questions et des remarques pratiques, des points de vue critiques et des réflexions pertinentes. Nous devons aussi remercier chaleureusement les Professeurs Pierre Clanché (Université Bordeaux II) et Guy Burgel (Université Paris X - Nanterre) qui ont dirigé les thèses de doctorat sur les qualités psychosociologiques du projet, le premier à la méso échelle de l'architecture et le second à la macroéchelle de la ville. Particulièrement importante pour l'évolution de notre travail a été la contribution de Madame le Professeur Annie Moch (Université Paris X - Nanterre) grâce à son aide essentielle dans la rédaction des textes et à la possibilité qu'elle nous a offerte de participer aux activités de l'équipe de recherche dont elle est la directrice à l'université Paris X - Nanterre (Environnement Urbain : Processus Cognitifs et Représentations). Par ailleurs, tout aussi importante a été notre collaboration avec le Professeur Gary Moore (Université de Wisconsin - Milwaukee), particulièrement en ce qui concerne des questions d'épistémologie et de méthodologie de la recherche. Nous les remercions vivement pour les discussions que nous avons eues et pour les remarques et les informations qu'ils nous ont généreusement apportées pendant de longues années. Précieuse a été également la contribution des Professeurs Panos Tzonos (Université Aristote de Thessalonique) et Alexandros Lagopoulos (Université Aristote de Thessalonique) à travers les longues discussions et les remarques critiques portant sur les textes des thèses de doctorat. Nous les remercions du fond du cœur ainsi que le Professeur Pierre Pellegrino (Université de Strasbourg) pour son aide essentielle à la rédaction et à la publication des textes. Ce serait une négligence de notre part de ne pas citer la contribution du Professeur Bernard Scheuwly (Université de Genève) au développement de nos recherches épistémologiques, ni le soutien du Professeur Josep Muntañola (Université de Catalogne - Barcelone).

Nous ne manquerons pas enfin de remercier nos collaboratrices Efthimia Fragou, mathématicienne, et Fabienne Plet, philologue, la première pour sa contribution à l'analyse statistique du matériel de recherche et la seconde pour son travail minutieux sur les questions ayant trait à la langue.

INTRODUCTION

Chapitre 1

L'espace en tant qu'objet d'usage

L'espace a constitué pour nous un champ de recherche en tant qu'élément indissociable du cadre de développement et d'action de l'individu. Notre intérêt s'est concentré pendant une longue période non pas sur l'espace objet produit, mais sur l'espace objet d'usage. Nous avons voulu examiner dans quelle mesure l'espace produit satisfait les désirs et les besoins des individus et des groupes, évaluer les éventuels phénomènes d'altération dans l'environnement bâti au niveau de sa reconstruction mentale par les individus, et dégager le contexte d'une synomorphie possible entre la structure sociomatérielle et psychosociale, entre le sens de l'objet matériel que la société produit (dans notre cas l'environnement bâti) et le sens de l'objet consommé par l'usager.

Cet axe de la recherche suppose la contribution des sciences humaines dans l'étude de l'espace architectural et urbain. L'approche technocrate qui envisage le facteur humain comme valeur standardisée, stable et invariable, a été remise en cause. Désirant lier l'espace aux caractéristiques sociales, psychologiques et culturelles du sujet, c'est-à-dire à la recherche des qualités psychosociologiques de l'espace, nous avons enrichi notre identité d'architecte avec des éléments issus des champs cognitifs appartenant aux sciences du comportement.

Nous avons par ailleurs examiné la relation entre l'enfant et l'environnement bâti, étant donné que les premiers stades de développement de l'individu jouent un rôle particulièrement important dans son évolution ultérieure, mentale, affective et sociale.

Deux axes de problématique et d'approche théorique complémentaires, non contradictoires, ont déterminé nos choix et nos critères dans les différentes phases de notre recherche : formulation des interrogations, hypothèses, sélection, analyse, synthèse des données et conclusions. La ville, l'environnement urbain de la période postmoderne, a constitué le premier axe de notre problématique: la ville contemporaine, de grande ou de petite taille, en tant que champ d'action de l'enfant (champ dans le sens d'espace strictement concret), en tant qu'objet socioculturel de satisfaction de ses désirs et de ses besoins, la ville comme système d'ensemble, macrosystème, mais aussi ses systèmes partiels caractérisés comme microsystèmes ou systèmes intermédiaires, en fonction de l'échelle à laquelle ils se réfèrent. Le microsystème s'organise autour de l'individu: il comprend les objets que celui-ci utilise ainsi que les individus avec lesquels il entre en contact. Le système intermédiaire est construit à partir d'un ensemble de microsystèmes interdépendants (bâtiment scolaire, salle de classe). Le macrosystème, lui, se construit à partir d'un ensemble de systèmes intermédiaires (quartier, centre-ville, ensemble de la ville). Ce sont les deux derniers systèmes qui ont surtout retenu notre attention. Nous nous sommes intéressée en particulier à l'environnement scolaire, au «quartier», aux limites de l'espace privé - public (dans le cas du domicile), au centre-ville, à l'ensemble de la ville, et aux environnements destinés aux activités de l'enfant créés par les spécialistes.

Le second axe dans lequel ont été réalisées ces études a été l'ensemble des notions et des théories relatives à la construction des représentations et des attitudes spatiales du sujet. Considérant d'une part la perception comme le principal phénomène qui permet le décodage des réactions de l'individu aux stimulations de l'environnement bâti et d'autre part l'évaluation et les préférences comme phénomènes complémentaires du premier, nous avons tenté d'étudier l'espace vécu de l'enfant, ses champs d'action, son implication ou son absence dans des espaces créés par la société. L'approche épistémologique que nous avons adoptée au cours de notre recherche a été élaborée dans ce cadre. Dans la première phase de la recherche, l'interactionnisme a été l'axe épistémologique d'organisation de l'étude alors que plus tard, nous nous sommes orientée -suite aux conclusions mêmes de nos premières recherches- vers l'interactionnisme social, en l'étendant aux théories de l'espace.

Ces deux axes ont donné naissance à des questions relatives aux facteurs qui conditionnent les représentations et attitudes spatiales du sujet et qui influencent le degré de la synomorphie de structure sociomatérielle et psychosociale. Ces questions sont formulées de façon détaillée dans les deux chapitres suivants, qui présentent les deux axes de notre problématique.

Chapitre 2

La ville contemporaine et l'enfant

Vie publique et espace public

La référence à la ville contemporaine, l'étude et l'interprétation de ce phénomène ne peuvent ignorer la période «moderne» de son évolution. De nombreux auteurs se sont largement occupés de la ville moderne, des conditions de sa création, de sa structure et de ses fonctions, de ses qualités et de ses défauts et des conséquences qu'elle a eues sur la vie de l'homme[1].

---

[1] La contestation des principes du Mouvement Moderne commencera déjà à partir de 1947 par les membres du CIAM. Au CIAM IV qui a eu lieu en 1947 à Bridgewater en Grande-Bretagne, seront entendues les premières critiques contre «la stérilité de la ville fonctionnelle», et les propositions pour la création d'un environnement physique qui satisfasse les besoins émotionnels et matériels de l'homme. Ce thème a été particulièrement développé par l'équipe anglaise MARS. Son rapport au Congrès du CIAM VIII qui a eu lieu à Haddesdon en Grande-Bretagne en 1951 avait pour titre «Le coeur de la ville». Sous l'influence de MARS, le Congrès se tourne vers des recherches semblables à celles de Giedion Siegfried, de José Luis Sert et de Fernand Léger, en accord avec lesquels les gens désirent des bâtiments qui expriment leur vie sociale et communale, qui offrent une fonctionnalité plus complète. Ils souhaitent poursuivre leur ambition lors du Congrès suivant, au CIAM IX qui a eu lieu à Aix-en-Provence. Alice et Peter Smithson ainsi qu'Aldo van Eyck font une contre-proposition aux catégories fonctionnalistes de la Charte d'Athènes (logement, travail, loisirs, transports): davantage des catégories phénoménologiques de la maison, de la rue, du quartier, de la ville. Dans des concepts tels que «identité», «appropriation», avec des vives influences de l'existentialisme et de la phénoménologie, ils recherchent les dimensions psychosociologiques de l'espace. Les oppositions entre l'ancien et le nouveau

Nous pourrions nous limiter à la citation des sources et en contournant ce champ historique de la ville, analyser tout d'abord la version contemporaine du paysage urbain. Pourtant, une telle démarche met à l'écart les règles de l'écriture scientifique car elle soulève des questions et crée des lacunes indésirables dans l'effort d'une narration cohérente des constructions mentales et interprétatives à propos du sujet examiné, c'est-à-dire, dans notre cas, la position et les vécus des enfants dans les centres urbains contemporains.

Les remarques ci-dessus justifient la brièveté de notre regard sur le passé de la ville, quand il y a environ un siècle, la révolution industrielle provoque une immense explosion démographique due au déplacement de grandes masses de la population agricole vers les villes. Deux nouvelles classes sociales, le prolétariat urbain et la bourgeoisie d'affaires aisée, éléments structurels du processus historique de développement urbain, influencent la composition et l'évolution de l'espace urbain, confirmant une fois de plus la relation dialectique entre la société et l'espace[2]. La ville grandit de façon incontrôlée et

---

courant ont conduit à la séparation et à la création de l'équipe Team Ten (au Xe Congrès qui a eu lieu à Dubrovnik en 1956). Comme l'écrit K. Frampton, «l'idéalisme libéral a totalement triomphé du matérialisme de la première période». Sur ces questions: Frampton, K. (1981), *Modern Architecture-A Critical History*, London: Thamesand Hudsan Ltd; Jencks, Ch. (1973), *Mouvements modernes en architecture*, Paris: Mardaga; Benevolo, L (1980), *Histoire de l'architecture moderne*, tomes 3-4, Paris: Dunod; Tafuri, M. (1990), *Architecture, Utopia-Design and Capitalist Development*, Cambridge: The M.I.T. Press.

[2] Joly, R. (1985), *La Ville et la civilisation urbaine*, Paris: Messidor/Les éditions sociales; Benevolo, L. (1997), *La Cité en Europe* (trad. en grecques par A. Papastavrou), Athènes: Lettres Grecques; Harouel, J.L. (1981), *Histoire de l'urbanisme*, Paris: P.U.F. Pour une analyse profonde du phénomène de l'urbanisation capitaliste: Lojkine, J. (1977)), *Le marxisme, l'état et la question urbaine*, Paris: Presses Universitaires de France. Sur la production de l'espace industriel et les effets de cet espace sur l'ensemble de la structure urbaine: Castells, M. (1975), *Sociologie de l'espace industriel*, Paris: Anthropos. Du même auteur: (1972), *La Question urbaine*, Paris: Maspero.

englobe dans ses différents secteurs les nouvelles classes sociales. Les quartiers centraux, à la disposition quasi-exclusive des classes privilégiées, se réorganisent suivant des plans régulateurs, contrairement aux zones périphériques, «les zones grises» des ouvriers qui, par leur extension non programmée, menacent de détruire l'«organisme urbain» et de le remplacer par une agglomération d'une autre échelle et de caractéristiques qualitatives inédites.

La concentration d'une importante population dans les villes, la formation de grands marchés de travail et de produits, le nouvel état social, le nouveau type de ville (l'agglomération urbaine) sont analysés par des sociologues, historiens et économistes dès le XIXe siècle. Engels et Marx, Durkheim, Tönnies, Simmel, Weber, Burgess et d'autres auteurs illustres qui ont étudié les phénomènes sociaux, interprètent les faits et les états nouveaux chacun selon sa propre optique idéologique[3]. Se référant aux théories sociales sur l'espace urbain, Hastaoglou[4] donne une image complète des différentes approches qui se sont développées au sein de la sociologie urbaine. Les phénomènes urbains sont interprétés en fonction des conditions économiques ou au moyen de notions que la pensée marxiste situe dans la superstructure: personnalisation, dépersonnalisation, socialisation, désocialisation, aliénation,

---

[3] Engels, Fr. (1974), *La Situation de la classe ouvrière en Angleterre*, Athènes: Bayron; Marx, k., Engels, Fr. (1976), *L'Idéologie allemande*, Paris: Editions Sociales; Burgess, E., (1925), "Urban Areas" in T. Smith, L. White (eds), *Chicago: An Experiment in Social Science Research*, Chicago: University of Chicago Press; Durkheim, E. (1926), *De la Division du travail social*, Paris: Alcan; Tönnies, F. (1940), *Fundamental Concepts of Sociology* (trad. par C. Loomis), New York: American Book Co; Weber, M. (1982), *La Ville*, Paris: Aubier Montaigne. Des extraits de certaines des œuvres ci-dessus ainsi qu'une note introductive qui se réfère à la classification et à la présentation critique de ces théories, sont inclus dans le livre: Kafkalas, G., Giaoutzi, M. (éd.) (1977), *La Ville dans le système capitaliste*, Athènes: Odysseas.

[4] Hastaoglou, V. (1982), *Théories sociales sur l'espace urbain. Analyse critique*, Thessalonique: Paratiritis.

isolement, anonymat, densité et autres grandeurs physiques constituent certains des «outils» d'analyse du phénomène urbain. Dès l'apparition des «agglomérations urbaines», les spécialistes des sciences sociales se sont empressés d'étudier les phénomènes d'insertion des nouvelles populations dans les villes, les nouvelles relations et les nouvelles valeurs sociales, le nouveau type de constitution de la personnalité de l'homme et de la vie communautaire, ce qu'ils ont appelé civilisation urbaine. La ville en tant que variable indépendante ou dépendante devient un objet de débat idéologique et scientifique qui laisse au fil du temps une pléthore de données et d'interprétations relatives au phénomène urbain.

En même temps, parallèlement à cette sensibilité sociologique pragmatique se développe aussi le discours utopique sur la ville de la société industrielle. La critique de la ville industrielle - et l'isolement de l'individu qu'elle fait surgir comme une menace pour son existence - alimente la pensée utopique par des idées sur les besoins éternels, invariables de l'individu type et leur satisfaction à travers un modèle d'organisation spatiale et sociale qui se différencie en fonction de son inspirateur[5].

Choay[6] distinguera deux tendances, le modèle progressiste et celui, culturel, de la constitution de la «ville moderne». Dans le premier modèle, l'idée de progrès est directement liée à la révolution industrielle, au nouveau mode de production et aux nouvelles technologies. L'analyse rationnelle, qui prend en compte des questions d'hygiène, créera des espaces ouverts où l'air, la lumière et l'eau seront également répartis entre tous. Elle créera des espaces fonctionnels en introduisant pour la première fois l'idée de séparation des lieux utilitaires.

---

[5] Sur l'utopie des temps modernes: Servier, J. (1979), *L'Utopie*, Paris: P.U.F.; Choay, Fr. (1986), *La Règle et le modèle*, Paris: Seuil; Mumford, L. (1998), *L'Histoire des utopies* (trad. V. Tamanas), Athènes: Nissides.

[6] Choay, Fr. (1965), *L'Urbanisme. Utopies et réalités*, Paris: Seuil.

L'esthétique de la géométrie «naturelle» achèvera le puzzle de la pensée utopique progressiste en fonctionnant comme l'une des références des rapporteurs du mouvement moderne.

Par ailleurs, dans le modèle culturel qui influencera aussi l'architecture moderne des villes, constantes et modèles se perdent et l'unité organique qui caractérisait la ville du passé surgit comme valeur suprême. Ce n'est pas la notion de progrès mais celle de culture qui constitue ici le point de départ idéologique.

Quelles sont cependant les caractéristiques spatiales de la ville «industrielle», du «système urbain» selon Lefebvre[7]? Nous avons déjà fait référence au déplacement impressionnant des limites de la ville du Moyen Age et de la Renaissance, à la coloration sociale de ses quartiers, à ses extensions non planifiées, à la restructuration de son noyau historique. La rationalisation externe du système de circulation et le percement de grandes artères routières ont été dictés tant par des raisons politiques que par la place qu'acquiert le véhicule dans la vie urbaine après l'introduction de technologies innovatrices par le monde de la science. Une autre caractéristique de cette nouvelle phase est la spécialisation fonctionnelle des quartiers urbains ainsi que l'apparition de nouvelles formes utilitaires ou même la réapparition d'anciennes à une échelle gigantesque inédite. Dans cette explosion des grandeurs et des utilisations, le maintien du noyau historique pour la pérennisation de la «centralité» crée, comme l'écrira plus tard Lefebvre, «l'illusion de la continuité, l'idéologie de l'évolutionnisme, sans toutefois les légitimer»[8]. Quelques pages plus loin, nous lisons: «l'urbain se distingue de la ville, exactement parce qu'il apparaît et se manifeste dans la durée de l'explosion de la ville, mais aussi

---

[7] Lefebvre, H. (1977), *Le Droit à la ville* (trad. grecque: P. Tournikiotis, Cl. Laurant), Athènes: Papazissi.

[8] op.cit. p. 72.

parce qu'il aide au réexamen et même à la compréhension de certains aspects qui longtemps passaient inaperçus: la centralité, l'espace comme lieu de rencontre, la monumentalité... L'urbain, à savoir la société urbaine, n'existe pas encore, mais il existe en puissance. Par le biais des contradictions entre l'habitation, les séparations et la centralité urbaine, qui est essentielle pour la pratique sociale, se manifeste une opposition pleine de sens»[9].

L'opposition entre le centre et la périphérie, la séparation géographique, sociale et fonctionnelle des quartiers de la ville constituent donc les caractéristiques de la ville au moment de l'industrialisation de la production. Les interventions de la classe bourgeoise dans le centre des villes ajouteront à ces caractéristiques la monumentalité excessive, les dimensions hors échelle des bâtiments et des places, le changement dans la forme et le fonctionnement de l'espace public, notamment par l'adaptation de celui-ci aux exigences des véhicules. Des artères chargées d'une forte circulation envahissent le noyau historique des villes et le transforment en nœud de circulation alors qu'en même temps la conception du rôle de la place dans la vie publique urbaine se modifie. Pour les porte-parole du modernisme la place n'est pas un espace urbain déterminé et de forme accomplie. Son caractère est accaparé par la logique de l'esthétique «pure» et de l'écologie, caractère qui est conçu davantage «comme un taux par personne ou un standard sociologique que comme une partie de l'organisme urbain»[10].

L'espace public et la vie publique se modifient constamment, d'une façon intense à l'époque contemporaine aussi et alimentent les sentiments pessimistes des chercheurs qui mettent en doute même l'existence de cette dernière. La vie

---

[9] op.cit. p. 246.

[10] Patestos, K. (2001), *La Caisse du Moderne*, Athènes: Kastaniotis, p. 167-68.

publique est redéfinie à l'intérieur de la nouvelle réalité des télécommunications et des «contacts» électroniques. De nouvelles notions émergent des changements qui s'effectuent, pour décrire et interpréter ces phénomènes. La privatisation de l'espace public, la peur de la familiarité, le syndrome de l'autonomie, le dépassement de la nécessité d'une proximité physique sont proposés comme notions-clés pour la compréhension de la vie publique actuelle[11].

Au sommet de la pyramide des notions, la mondialisation[12] manifeste l'ampleur et l'intensité des changements structurels qui sont remarqués à l'époque contemporaine dans la sphère économique et culturelle des formations sociales. L'économie, l'accélération du temps, la suppression des frontières entre les activités et les objets cognitifs, l'effondrement des valeurs universelles et des conceptions du monde, la crise de l'action collective comptent parmi les principaux facteurs qui la composent. Des sociologues considèrent que nous traversons

---

11 Tsoukala, K., Daniil, M. (2003), "From place to non-place: The new structure of public space in greek city" in Proceedings of The Conference *Transformations of the Greek City*, Athens. Voir aussi: Tsoukala, K.,Daniil, M. (2003), "Metapolis: The destiny of the city during the globalization age. The example of Euralille, built and behavioral space" in Proceedings of the International Conference on *New Directions in the Humanities*, Rhodes: University of the Aegean et Tentokali, V. Tsoukala, K. (1993), "Repatriates and public space" in A. Mazis, K. Karaletsou (eds), *Environmental metamorphoses: Builtscape, Landscape, Ethnoscape, Euroscape*, Proceedings of the 12th International Conference on the Study of People and their Surroundings (IAPS), Thessaloniki: Art of Text.

12 Sur l'aspect économique et social de la mondialisation: Michael, S. (2000), «Mondialisation et Altération» in *Utopie* (revue grecque), n° 39, pp. 87-95 et Stamatis, G. (2000), «La démythification de l'idéologie du marché» in *Utopie* (revue grecque), n° 39, pp. 63-73. Par rapport aux autres aspects du phénomène de la mondialisation: Defarges, M. (2002), *La Mondialisation* (trad. grecque: K. Peristerakis), Athènes: Dedalos et Warnser, J.P. (1999), *La Mondialisation de la culture*, Paris: La Découverte et Syvos. Sur les changements du temps vécu: Ascher, Fr., Godard, Fr. (coord.) (2003), *Modernité: la nouvelle carte du temps*, Colloque de Cerisy, Éd. De l'aube. Sur la société contemporaine: Ascher, Fr. (2000), *Ces Événements nous dépassent, feignons d'en être les organisateurs. Essai sur la société contemporaine*, Paris: De l'aube.

une période historique dans laquelle les sociétés renégocient leurs relations avec l'espace et le temps sur des bases inédites. Si à l'époque du modernisme, l'universalité était relative à des valeurs, à l'époque de la mondialisation, elle est surtout relative à l'économie et au temps.

La perte de l'identité sociale de l'individu est commentée comme un fait par les spécialistes des phénomènes contemporains. Les changements socio-économiques et technologiques influencent de façon déterminante le système de l'espace-temps ainsi que les conceptions de l'action collective et individuelle. La fluidité des points de référence qui dépassent même les remises en cause des mouvements postmodernes, met en évidence le cheminement personnel de l'individu comme attitude et comportement optimal, comme forte limite par rapport à autrui. A l'époque de la mondialisation, avec les nouvelles technologies de l'information qui contribuent à la dématérialisation des contacts sociaux et spatiaux, les notions d'identité, de localité, d'espace public et privé sont redéfinies après avoir subi les nouvelles expériences des scientifiques, des philosophes, des architectes et des urbanistes.

La révolution électronique fait que l'identification de la vie publique et de l'espace public naturel n'est plus donnée alors que ceux qui l'étudient mettent en scène l'avenir des sociétés urbaines[13]. Certains prévoient que l'espace physique de la ville s'effacera, de même que le besoin de proximité géographique qui a créé les centres urbains commerciaux et d'affaires disparaîtra. Les entreprises sont déjà transférées dans des techno

---

[13] Par rapport à l'influence des phénomènes socio-économiques contemporains sur le devenir des villes: Ascher, Fr. (1995), *Métapolis ou l'avenir des villes*, Paris: Odile Jacob. Du même auteur: (2001), *Les nouveaux principes de l'urbanisme*, Paris: De l'aube. Aussi, Moutsopoulos, A. (2001), *Les Hybrides de la mondialisation. La culture de masse dans la périphérie*, Athènes: Futura-a-station et Dollé, J.P. (2002), *Métropolitique*, Paris: Editions de la Villette. Voir Wiel, M. (1999), La transition urbaine: le passage de la ville pédestre à la ville motorisée, Paris: Mardaga.

villes et des parcs d'affaires en dehors de la ville. La vie publique, largement participative et directe se développera non pas dans l'espace public naturel mais surtout dans l'espace universel des réseaux électroniques de communication. Ce point de vue se fonde principalement sur l'entière contraction de la vie publique que les nouvelles technologies rendent possible et sur la prévision du contrôle social absolu. Des activités qui s'identifiaient à des espaces publics concrets tels que le marché, la place, la rue sont aujourd'hui en mesure d'être réalisées à domicile au moyen d'un ordinateur. L'ensemble de l'expérience du contact social diminue dans une expérience visuelle exclusive, dans la réception et l'expédition d'un flux d'images qui est sans cesse et mondialement contrôlé par les tout-puissants réseaux de surveillance.

L'absence de contact humain et de communication, l'individualisation et l'indifférence pour les affaires communes, la dissolution des liens de la communauté, à savoir l'isolement de la vie moderne, deviennent, comme beaucoup l'ont prévu, une réalité, non pas dans les villes noires de la révolution industrielle, mais dans les villes postindustrielles de la révolution électronique. Paul Virilio[14] considère que la démocratie virtuelle, détachée de la matérialité de l'espace public et privée de la présence naturelle des autres, marque une société qui marche vers le totalitarisme, vers un fascisme futuriste, artificiel. Cette relation dialectique de l'économie, de la technologie et de la civilisation pourrait, sous d'autres conditions et choix politiques, produire différentes pratiques en renforçant la version la plus optimiste de la coexistence du monde naturel et électronique par la contribution de la technologie à la suppression des hiérarchies et des inégalités. Dans l'immédiat, dans les conditions données de fonctionnement du phénomène de la mondialisation, le discours critique des chercheurs, et, dans

[14] Virilio, P. (2001), *Cybermonde. La politique du pire*, Paris: Textuel.

certains cas, les opérations, à l'échelle «locale», de l'administration pour renforcer l'espace urbain des activités collectives, vont à l'encontre de l'affaiblissement de l'élément collectif et naturel de l'existence humaine.

Dans cette nouvelle réalité sociale et spatiale de la ville, les vécus et les expériences de l'enfant sont redéfinis et avec eux, les caractéristiques structurelles, qualitatives et quantitatives de sa relation avec l'espace. Nous tenterons ci-dessous de développer ces modifications.

L'enfant dans la ville contemporaine

Si des spécialistes des besoins de l'homme ont considéré négativement les échelles gigantesques des villes et des bâtiments et les ont jugées comme «inhumaines» vu leurs répercussions sur les adultes, l'influence de ces dernières sur les individus en bas âge prend des valeurs encore plus extrêmes. La rue de la ville du Moyen Age, champ d'éducation et d'instruction de l'enfant, est plus tard remplacée par l'école et le quartier de la ville industrielle, qui à son tour cède progressivement sa place à des secteurs isolés de l'espace urbain - couverts ou en plein air - qui «ont été spécialement conçus pour l'enfant». Les éléments du système urbain renferment des dangers pour les jeunes citoyens. Voitures, marginaux ou groupes organisés imposent aux parents et à l'Etat l'application -en ce qui concerne l'éducation des enfants- de codes d'interdictions relatifs aux déplacements, au comportement sociorécréatif et spatial de l'enfant. On pourrait dire qu'une simple relation de proportionnalité unit la taille d'une ville à la «taille» des interdictions que le jeune citoyen doit «respecter»[15]. Cette relation en induit une autre, inversement proportionnelle à la «taille» physique de l'espace public et à la «taille» de l'«aura sociale» des enfants, c'est-à-dire de leurs contacts sociaux physiques. La richesse des stimulations sociales de la rue et du quartier perd son objet puisqu'elle sera exilée dans des secteurs isolés du tissu urbain qui monopoliseront pour longtemps les processus de la socialisation de l'enfant. La ville n'est pas vécue comme un épisode continu mais comme un phénomène discontinu, comme un espace naturel contenant des pleins ou des vides d'activités. Des pleins ou des vides de contacts sociaux. Des vides qui se développent continuellement au détriment des domaines marqués socialement, culturellement et même affectivement[16].

---

[15] En ce qui concerne la dangerosité de l'espace public et les problèmes qu'elle crée sur le mouvement autonome et le jeu de l'enfant, voir: Terence, L., Rowe, N. (1994), "Parents' and children's perceived risks of the journey to school" in *Architecture and Behaviour*, Children and the City (special issue), vol. 10, n° 4, pp. 379-90. Dans la même revue: Bonanomi, L. (1994), «L'enfant et la traversée de la chaussée », pp. 391-98 et Björklid, P. (1994), "Children - Traffic - Environment", pp. 399-406. Un autre travail intéressant focalisé sur le jeu et la sécurité: Marillaud, J. (1991), «Jeu et sécurité dans l'espace public» in *Architecture and Behaviour*, Jeu et contexte urbain (special issue), vol.7, n° 2, pp.137-44. Dans le même esprit: Danancher, A. (1991), «Contraintes de l'espace ludique aménagé» in *Architecture and Behaviour*, Jeu et contexte urbain (special issue), vol.7, n° 2, pp.153-64. Pour une critique de la «qualité pédocentrique» de l'espace urbain contemporain: Tsoukala, K, (1995), "Child and urban space" in *Technika Chronika* (Scientific Journal of the TCG), vol. 15, no 1-2, pp. 21-29 et Tsoukala, K. (1995), «La ville en tant qu'environnement d'expériences pour l'enfant» in *Architecture and Behaviour*, La ville et l'enfant (special issue), vol. 10, n° 4 et vol.11, n° 1, pp. 61-65. Sur l'évolution de la place prise par l'enfant et la famille dans nos sociétés traditionnelles et industrielles: Ariès, Ph. (1973), *L'Enfant et la vie familiale sous l'Ancien Régime*, Paris: Seuil.

[16] Sur l'espace urbain vécue par l'enfant (particulièrement dans les agglomérations grecques): Tsoukala, K. (2001), *L'Image de la ville chez l'enfant*, Paris: Anthropos et Germanos, D. (1993), *Espace et processus éducatif*, Athènes: Gutenberg. Sur tous les aspects du phénomène enfant-ville: Karsten, L., Bongertman, Th., Haan, G. et al. (1995), *Building Identities-Gender Perspectives on Children and Urban Space*, Concluding Report, Amsterdam: University of Amsterdam, Department of Human Geography. Voir aussi: Chevalier, E. (éd.), (1993), *L'Enfant et la ville,*

Ce «confinement» de l'enfant n'est pas dicté par des images que la pensée philosophique de certains a construites. Deux siècles se sont écoulés depuis l'époque où Jean-Jacques Rousseau tentait de persuader que les besoins de l'enfant étaient couverts par les éléments de la nature. Nature et ville acquéraient une relation concurrentielle, conflictuelle, ciselant dans la pensée des pédagogues «l'environnement le plus approprié» au développement et à l'éducation de l'enfant. Nous recherchons chez Rousseau l'origine de la pensée pédagogique qui choisit pour fondement de l'implication des activités éducatives un environnement naturel, protégé par des «limites» de l'autre paysage, le paysage urbain différent. La polarité nature - ville renvoie à l'opposition ancienne du bien et du mal. La ville, porteuse de messages négatifs et de modèles indésirables de comportement, est expulsée de l'environnement éducatif de l'enfant, rejetée comme corps étranger, chassée de son espace vécu[17].

Nous ne sommes pas aujourd'hui face à un tel point de vue. Le confinement de l'enfant dans des secteurs isolés de l'espace urbain est directement lié à des problèmes inhérents au mode de production des villes modernes. Néanmoins, est-ce dans ces problèmes que se trouvent toutes les causes de l'isolement de l'enfant par rapport à l'environnement plus large de la ville? A l'époque contemporaine de la mondialisation, les systèmes d'information et de communication accentuent-ils la tendance à l'isolement de l'enfant? Si les spécialistes du phénomène de la mondialisation parlent - en se référant à ces systèmes - d'une compression fulgurante du temps et de l'espace, due à la très

---

Urbanisme, santé et socialisation, Paris: Syros.

[17] Rousseau, J.J. (1819), *Emile ou de l'éducation*, Paris: Lédoux et Tenré. Sur l'évolution des idées pédagogiques par rapport au contexte des pratiques éducatives: Mialaret, G. (1979), *Les Sciences de l'éducation*, Paris: Presses Universitaires de France et Chateau, J. (1956), *Les Grands pédagogues*, Paris: P.U.F. Sur les idées contemporaines: Ulmann, J. (1982), *La Pensée éducative contemporaine*, Paris: Vrin.

grande rapidité de la transmission des informations et à la non-obligation de l'«entremise physique» de l'espace, nous pouvons alors invoquer cette évolution technologique pour compléter le catalogue des facteurs qui contribuent à la compréhension du «confinement» mais aussi de l' «autoconfinement» des jeunes dans certains espaces de la ville.

La nouvelle réalité numérique, qui a l'ambition dans le cadre de la politique, de la logique et de la morale données qui la forment, de dépasser le monde réel des vécus directs, enferme dans ses images audiovisuelles le besoin de communication et d'information du jeune individu. Les enfants de l'époque contemporaine s'entretiennent avec des entités virtuelles, saisissent le monde à travers les micro-objets de la science de l'information et de la communication. Les citoyens solitaires de régions géographiques de plus en plus vastes ne possèdent pas seulement un corps physique. Un corps virtuel s'ajoutera ou plutôt se substituera à une partie importante du mouvement naturel, de la sensation et de la perception d'un nouveau type d'individu. Ce corps virtuel a ses propres besoins dont la satisfaction exige de nouvelles formes d'espace.

De nouveaux usages apparaissent dans la langue architecturale. Cette transcription des facteurs qui influencent le mode de vie des enfants à l'époque moderne n'omet pas d'inclure la perte de la vie sociale locale (du quartier), la perte d'un modèle «familial» de relations et de contacts. Certains chercheurs viennent construire sur cette perte des relations familières leurs théories pessimistes sur le caractère de la vie publique contemporaine. Comme le fait remarquer Brill[18], le mode social d'organisation du quartier est remplacé à l'époque contemporaine par le mode économique d'organisation. Ces

---

[18] Brill, M. (1989), "Transformation, nostalgia and illusion" in I. Altman, E.H. Zube (eds), *Public Places and Spaces*, Human Behavior and Environment - Advances in Theory and Research, vol. 10, New York: Plenum Press, pp. 7-30.

deux modes agissent de façon diamétralement opposée. Le mode social d'organisation unit et lie les individus par des liens personnels alors que le mode économique sépare personnes et choses en biens économiques distincts. Chaque relation sociale est unique, personnelle, irremplaçable. Chaque relation économique est une quantité, un bien économique, impersonnel et fongible. En ce sens, l'espace du quartier qui ne se différencie plus des autres secteurs de l'organisme urbain en ce qui concerne ses composantes psychosociologiques, a perdu son caractère social. L'homme familier et l'espace familier cessent de constituer l'échelle spatiale et sociale transitoire de l'environnement privé du domicile à l'environnement public des individus inconnus et des espaces non familiers. Le domicile (nous nous référons ici au type de relations sociales qui se développent en son intérieur) se confine strictement à ses limites physiques, ce qui renforce l'opposition entre privé et public, familier et non familier.

L'espace du quartier, qui a perdu son caractère social, influence de façon déterminante les activités et les vécus des enfants. Les interdictions relatives au déplacement et au jeu dans le secteur qui fonctionnait autrefois à de multiples niveaux comme prolongement du domicile ont désormais déterminé de nouveaux cadres d'action de l'enfant dans l'espace public. Les rencontres «chez les amis» et dans des espaces spécialement conçus pour l'enfant modifient le décor spatial et social de l'activité du jeune. N'oublions pas que la perte de la possibilité d'action dans la rue et sur la place du quartier, dans le parc, dans les cours et dans les terrains vagues a incité les nostalgiques du quartier à étudier les modes de sa reviviscence. Ces chercheurs, que Brill baptise Euro urbanistes, reconnaissent comme vie publique ce qui se passe dans les rues, les places, les parcs et le quartier. Ils ont tendance à ne pas le faire pour d'autres lieux qui apparaissent pour la première fois à l'époque contemporaine, ouvrant ainsi les sacs d'Eole à la discussion sur la vie publique et l'espace public. Cependant, l'impossibilité d'une distance critique par rapport à des formes spatiales et sociales passées et d'une reconnaissance de nouvelles conditions qui modifient le tissu spatial et social de la vie publique tend à murer les efforts des chercheurs compétents dans le passé, dans un temps qui, revécu, convertit le présent en erreur et en illusion. Le maintien de cette erreur nous empêche de voir clairement la véritable vie publique contemporaine et d'utiliser de façon intelligente les possibilités de l'espace public contemporain.

Nous pouvons donc noter les points suivants: les changements dans l'économie et la technologie érodent les formes qui étaient en vigueur jusqu'à récemment dans la vie publique et suggèrent de nouveaux modes de communication et d'action dans des espaces qui constituent soit une modification des structures préexistantes, soit de nouvelles formes. Ces «nouveaux» espaces qui s'ajoutent au stock des notions de la langue architecturale sont des espaces publics, ouverts ou fermés, isolés ou en réseaux, réels ou virtuels. En ce qui concerne l'enfant, les questions sur les changements de la vie publique et de l'espace public que cette constatation soulève à juste titre sont les suivantes: Quels sont le contact et la relation de l'enfant avec la ville et son espace public? Comment l'enfant construit-il l'image de la ville? S'agit-il d'une image cohérente ou d'une représentation fragmentaire de l'espace urbain? La connaissance de l'espace urbain, la perception dans une large mesure de ses stimuli, sa reconstruction mentale à travers des références affectives, culturelles, esthétiques, morphologiques, sociales, continuent-elles à constituer un objectif pédagogique, psychologique et social? Quels processus et quel environnement bâti contribuent à la relation «achevée et harmonieuse» de l'enfant et de l'environnement dans les conditions contemporaines de fonctionnement des villes?

Ces questions constituent le corps d'une démarche de recherche de longue durée qui devait être fondée sur différents champs cognitifs, qui dépassent celui de l'architecture, impliquant cette dernière dans les sciences psychosociologiques. L'étude de la perception spatiale et plus particulièrement de l'espace bâti, a constitué la condition préalable pour répondre à ces questions. La connaissance de la bibliographie internationale, mais aussi l'activité personnelle de recherche à la méso échelle de l'architecture - sur le mode de reconstruction de son image par l'enfant - ont contribué à l'évolution de notre pensée sur les questions qui ont été abordées ci-dessus. Cette période de recherche, qui a duré longtemps, qui a soulevé de nombreuses questions et qui a demandé une analyse épistémologique approfondie des sujets à étudier, a été transcrite dans les pages de certaines études. La perception et la représentation de l'espace, les diverses approches du phénomène, les facteurs qui influencent ces démarches intellectuelles, plus particulièrement les questions épistémologiques comme celles de l'interactionnisme, le rôle de l'activité dans la construction de l'image de l'espace ont été les premières étapes de notre recherche. Ces apports théoriques et épistémologiques seront présentés de façon critique et comparative plus tard, afin de contribuer à la formation d'une base de connaissances nécessaires à la compréhension de l'approche suivie et des choix philosophiques et techniques que nous avons effectués dans notre recherche.

La relation enfant - espace dans le cadre de l'approche psychosociologique

Comme cela a déjà été noté, s'occuper de la perception et de la représentation de l'espace urbain présuppose la connaissance des notions fondamentales sur la perception de l'espace auxquelles la théorie de Piaget[19] nous a déjà introduits. Nous nous référons ici à cette étude, lui donnant un rôle introductif dans le débat scientifique qui se développera dans les prochains chapitres, puisqu'elle constitue la recherche la plus complète sur les processus intellectuels en jeu au cours de l'évolution de l'individu. Nous verrons quelles sont ces notions fondamentales dont parle Piaget dans son fameux livre *Représentation de l'espace chez l'enfant*[20].

Les notions d'adaptation, celles d'organisme humain actif et celles de stade de développement constituent l'axe central de son essai. La notion d'adaptation est composée des termes d'assimilation et d'accommodation dont le premier manifeste l'incorporation du monde extérieur dans les formes intellectuelles déjà existantes et le second l'adaptation de ces dernières aux stimulations extérieures. La notion d'organisme actif concentre les conclusions des recherches de Piaget en ce qui concerne le rôle de l'organisme dans la structuration de l'expérience. Par ce terme, Piaget s'oppose au béhaviorisme qui soutient la position passive de l'individu dans les processus de réception de la stimulation, défendant lui-même le rôle actif dans le contact individu - environnement. Enfin, la notion de stade est liée aux notions de hiérarchisation et d'équilibration. Selon Piaget, quatre formes de connaissances spatiales apparaissent dans l'ontogenèse et suivent un ordre constant. Chaque forme, qu'il appelle «stade», est un palier dans un développement, qui se réalise par échelons successifs. Ces stades suivent les périodes du développement général (sensori-motrice, préopératoire, opératoire concrète et opératoire formelle).

---

[19] Piaget, J. (1937), *La Construction du réel chez l'enfant*, Paris: Delachaux et Niestlé. Du même auteur: (1935), *La Naissance de l'intelligence chez l'enfant*, Paris: Delachaux et Niestlé. En collaboration avec Inhelder, B: (1947), *La Représentation de l'espace chez l'enfan*t, Paris: P.U.F.

[20] op. cit.

Sa théorie peut être qualifiée d'interactionniste, puisqu'il accepte l'interdépendance individu - environnement au sein d'une relation équilibrée. Cependant, son étude approfondie révèle une réduction des éléments intermédiaires de la relation mentionnée ci-dessus à l'activité kinesthésique et active de l'individu. Piaget favorise ainsi le facteur biologique au détriment du facteur social, quand bien même il reconnaît le rôle de ce dernier dans le développement mental de l'individu[21].

Malgré son signe biogénétique, la théorie de Piaget a une valeur universelle dans le champ scientifique de la psychologie du développement et de l'évolution. Les caractéristiques des stades de l'évolution intellectuelle et plus spécialement de la perception de l'espace constituent la base sur laquelle la recherche expérimentale contemporaine s'est développée. Nous citons comme exemple les travaux de Shemyakin, Siegel et White, d'Acredolo, de Hazen, Lockman et Pick qui renforcent et enrichissent les théories de Piaget sur les caractéristiques et l'évolution des fonctions de la perception[22]. Cette

---

21 Lui-même soutient dans son livre *Études sociologiques* que l'identité profonde des opérations propre au travail intellectuel des individus et celles qui interviennent en un échange interindividuel se fonde sur les lois de la coordination générale des actions (qui est aussi bien collective que liée aux coordinations nerveuses). Piaget soutient que le mental se trouve entre le biologique et le social. Mais ces positions n'apparaissent pas explicitement dans le corps des notions qu'il propose pour la compréhension et l'explication des fonctions intellectuelles (c.f. Piaget, J. (1965), *Études sociologiques*, Genève: Droz).

22 Sur les approches théoriques du développement de la connaissance environnementale: Heft, H., Wohlwill, J.F.(1991), "Environmental cognition in children" in D. Stockols, I. Altman (eds), *Handbook of Environmental Psychology*, Florida: Krieger Publishing Company. Les travaux les plus significatifs des chercheurs cités dans le texte sont: Acredolo, L.P. (1981), "Small and large-scale concepts in infancy and childhood" in I.S. Liben, A.H. Patterson, N. Newcombe (eds), *Spatial Representation and Behavior along the Life Span*, New York: Academic, pp. 63-83; Hazen, N.L. (1982), "Spatial exploration and spatial knowledge: Individual and developmental differences in very young children" in *Child Development*, n° 53, pp. 825-33; Siegel, A.W., White, S.H. (1975), "The development of spatial representations in large-scale environments" in H.W. Reese (ed.), *Advances in Child*

reconnaissance de la contribution de Piaget au rôle cognitif de la stimulation de l'espace nous a personnellement conduite, nous aussi, dans chacune de nos études, à la référence, réitérée et donc «constante», à l'œuvre désormais classique.

Représentation de l'espace chez l'enfant

Piaget a construit sa théorie en se fondant sur son intérêt pour les fonctions mentales de l'individu. Plus tard, les architectes et les urbanistes qui se sont occupés de la perception et de la représentation de l'environnement bâti ont eu pour mobile le projet anthropocentrique, à savoir l'architecture - du bâtiment ou de la ville - qui ne visait pas tant à la satisfaction des inquiétudes des spécialistes sur l'esthétique qu'à celle des besoins de l'usager[23]. La fonction de l'espace s'élabore

---

Development and Behavior, New York: Academic; Pick, H.L., Lockman, J.J. (1981), "From frames of reference to spatial representations" in I.S. Liben, A.H. Patterson, N. Newcombe (eds), *Spatial Representation and Behavior along the Life Span*, New York: Academic, pp. 39-62. Ce serait une négligence de notre part si nous nous ne référions pas à la contribution de Bruner, Werner, Kaplan et Cassirer sur la formation théorique du champ de la connaissance environnementale. Il s'agit de la tendance «culturelle» en psychologie selon laquelle le cadre culturel auquel s'intègre l'individu influence son comportement cognitif. D'autres théories soutiennent le rôle du facteur social dans les fonctions évolutives mentales, comme par exemple celle de Vygotsky qui a formé le courant épistémologique de l'interactionnisme social. Nous avons commencé l'étude de l'œuvre de ce dernier depuis 1986. Dans un premier temps nous nous sommes penchée sur la notion d'activité (voir Tsoukala, K. (1990), *Perception de l'espace scolaire et pratique pédagogique: Etude comparative entre pédagogie formelle et pédagogie Freinet dans les types architecturaux fermé et ouvert*, Thèse de Doctorat sous la direction de Prof. P. Clanché, Université de Bordeaux II), ensuite nous nous sommes concentrée à la compréhension de sa théorie dans son ensemble à travers une étude comparée avec les idées de Piaget [voir Tsoukala, K. (1996), "Piaget and Vygotsky. Differences in environmental knowing and implications on design" in *Technika Chronika*, vol. 16, n° 1-2, pp. 17-20] et enfin nous avons étudié le point de vue épistémologique que Bronkart et Schneuwly ont introduit fondés sur l'œuvre de Vygotsky [voir Tsoukala, K. (1999), *Ville, enfant et représentation de l'espace*, Thèse de Doctorat - sous la direction du Prof. G. Burgel -, Université Paris X/Nanterre].

23 En ce qui concerne particulièrement l'espace urbain, les études de Lynch, Appleyard et Rapoport étaient originales et elles avaient une orientation

parallèlement aux besoins psychosociologiques de l'usager et revendique une place équivalente à celle qu'avaient les autres valeurs notions dans la pensée et la pratique architecturales. L'espace vécu envahit le langage architectural et fonde son essence conceptuelle grâce aux recherches expérimentales qui sont réalisées dans la seconde moitié du XXe siècle.

Un champ interdisciplinaire commence à se créer. Alors qu'il est surtout revendiqué par la psychologie - d'où il prend son nom: psychologie de l'espace d'abord, il est rebaptisé un peu plus tard psychologie de l'environnement ou psychologie sociale de l'environnement -, il fonctionne en réalité comme un domaine cognitif interdisciplinaire, comme le prouve l'implication des architectes, des urbanistes, des géographes, des psychologues, des sociologues et des ethnologues dans la recherche des phénomènes qui concernent le comportement dans l'espace. Cela explique la richesse et la variété des approches, de la thématique et des objectifs qu'on repère en parcourant le volume des études réalisées. L'orientation de l'enfant dans la ville, le réseau de ses activités, ses réactions émotionnelles aux stimulations de l'espace, ses préférences et ses attentes, la reconstruction mentale de la ville, l'usage de l'espace, la sécurité de l'enfant au cours de son déplacement et de son action dans l'espace ont constitué des objets d'étude. Hart et Moore, Chombart de Lauwe, Muntañola, Gaster, Torell et Biel, nous donnent à travers leurs recherches expérimentales des informations sur les phénomènes ci-dessus[24]. Nous ferons

---

psychosociologique [voir Lynch, K. (1960), *The Image of the City*, Massachusetts, London: The M.I.T. Press; Appleyard, D. (1976), *Planning a Pluralist City: Conflicting Realities in Ciudad Guayana*, Massachusetts, London: The M.I.T. Press; Rapoport, A. Human *Aspects of Urban Form-Towards a Man - Environment Approach to Urban Form and Design*, New York: Pergamon Press].

24 Hart, R. (1979), *Children's Experience of Place*, New York: Irvington Publishers. Du même auteur, (1981), "Children's spatial representation of the landscape: Lessons and questions from a field study" in L.S. Liben, A.H. Patterson, N. Newcombe (eds), *Spatial Representation and Behavior across*

référence plus en détail à leurs œuvres dans les chapitres suivants, en les insérant dans le cadre du débat formé par les conclusions de notre recherche, à un niveau théorique et expérimental.

Nous avons examiné les questions de la perception spatiale, de l'évaluation, des préférences, de l'espace souhaité, pour des espaces d'échelle différente: villes de tailles variées et unités appartenant au méso et macrosystème spatial (pour l'école, le trajet, le quartier, le centre-ville, la ville dans sa totalité). Pour toutes ces échelles et types d'espace, l'étude de l'espace vécu pose d'abord des problèmes de nature épistémologique, car elle lie la recherche à l'interprétation particulière que le chercheur fait de ces phénomènes. La première partie du chapitre suivant traite ce débat épistémologique alors que les parties suivantes se réfèrent aux qualités psychosociologiques de ces espaces qui pourraient être considérés comme les espaces les plus familiers pour l'enfant après son domicile: l'école, le trajet de la maison à l'école, le quartier.

---

the Life Span, New York: Academic, pp. 195-233 et (1984), "The geography of children and children's geographies" in Th. F. Saarinen et al. (eds), *Environmental Perception and Behavior: An Inventory and Prospect*, Chicago: The University of Chicago, Department of Geography. Parmi les œuvres de Moore nous citons son travail sur les environnements de jeux dans l'espace urbain: Moore, G. et al. (1994), *Recommendations for Child Play Areas*, Milwaukee: University of Wisconsin, Center for Architecture and Urban Planning Research. Particulièrement intéressant, d'approche sociologique, est le travail de Chombart de Lauwe, M. J. (1976), *Enfant en jeu*, Paris: CNRS. J. Montañola, influencé par Valsiner, publie en 1987 le livre: *Descobrir el medi urba. Barcelona mostrada als infants*, Barcelona: Institut d'Ecologia Urbana de Barcelona. C.f. aussi Gaster, R. (1991), "Urban children access to their neighbourhood. Changes over three generations", in *Environment and Behavior*, vol. 23, n° 1, pp. 70-85; Torell, G. (1990), "Children's conception of large-scale environments" in *Geteborg Psychological Reports*, vol. 20, n° 2 et Torell, G., Biel, A. (1987), "7 parental restrictions and children's acquisitions of neighbourhood knowledge" in T. Garling, J. Valsiner (eds), *Children within Environments*, New York: Plenum, pp. 107-118.

PREMIÈRE PARTIE

LES ESPACES PROCHES

Chapitre 3

L'interactionnisme, cadre épistémologique des enquêtes effectuées

Ce qui nous a tout d'abord occupée a été la relation sujet - objet, à savoir la relation qui lie l'individu à son environnement. En étudiant le corps principal des études qui ont été faites dans le cadre de la psychologie, de la psychologie de l'environnement et de la géographie du comportement[25], nous avons constaté qu'il

---

[25] La géographie du comportement a été établie en 1960 en tant que nouveau champ de la géographie humaine. Nous trouvons l'idée principale sur laquelle s'appuie cette science dans l'oeuvre de Kirk, Sauer et Wright qui soutiennent que le comportement humain est dû non pas à la connaissance objective mais aux images subjectives que les individus ont de leur environnement [voir Kirk, W. (1952), "Historical Geography and the concept of Behavioral Environment" in *Indian Geographical Society*, Silver Jubilee Souvenir and N. Subrahmanyam Memorial Volume, pp. 162-60; Sauer, C.O. (1941), "Forward to Historical Geography" in *Annals*, Association of American Geographers, vol. 31, pp. 1-31; Wright, K. (1947), "Terra Incognita: The place of imagination in Geography" in *Annals*, Association of American Geographers, vol. 37, pp. 1-15]. Sur la recherche effectuée dans le domaine du comportement et de la perception environnementale: Bunting, T.E., Guelke, L. (1979), "Behavioral and Perception Geography: a critical appraisal" in *Annals*, Association of American Geographers, vol. 69, n° 3, pp. 448-63; Gould, P. White, R. (1986), *Mental Maps*, Boston: Allen and Unwin; Ittelson, W.H. (1973), *Environment and Cognition*, New York/London: Seminar Press; Lowenthal, D. (1961), "Geography, experience, and imagination: towards a geographical epistemology" in *Annals*, Association of American Geographers, vol. 51, n° 3, pp. 241-60; Blaut, J.M. (1987), "Place perception in perspective" in *Journal of Environmental Psychology*, n° 7, pp. 297-305; Brookfield, H.C. (1969), "On the environment as perceived" in *Progress in Geography*, vol.1, pp.51-80; Downs, R.M., Stea, D. (1977), *Maps in Minds-Reflexions on Cognitive Mapping*, Los Angeles, The University of California: Harner and Row Publishers.

existait de nombreux points de vue et interprétations à propos de l'image de l'environnement, en fonction de l'optique philosophique et idéologique du chercheur et de son approche méthodologique[26].

De prime abord, deux directions se dégagent principalement: l'une survalorise le rôle d'une partie de la relation susmentionnée, et donc tend à supprimer ou à affaiblir considérablement l'autre; la seconde gomme toute inégalité et toute différence, visant un rôle équilibré et équivalent des parties. Ces systèmes d'interprétation se réclament l'un et l'autre de la vérité scientifique, de l'approche objective débarrassée de l'arbitraire et de la subjectivité du chercheur[27]. Il s'agit de l'empirisme et du déterminisme environnemental, du rationalisme et du nativisme ainsi que de l'interactionnisme et du constructivisme.

Contournant l'empirisme qui soutient que les représentations de l'environnement sont des épiphénomènes, simples reflets de la matière ainsi que le rationalisme et le nativisme, selon lesquels la connaissance est le produit des idées innées, et non

---

26 Tsoukala, K. (1991), «Construction des représentations spatiales. Approches épistémologiques», Communication présentée au symposium *Représentations spatiales*, organisé par l'Université Aristote de Thessalonique (professeur invité D. Canter).

27 Sur les questions de classification des approches théoriques concernant la relation individu - environnement voir entre autres: Hsia,Ch.J. (November 1988), "An epistemological critique of environmental idealism" in *Architecture et Comportement*, vol. 4, pp. 295-313; Bailly, A. (Avril 1985), «Rapport introductif: les principaux courants de recherche dans le monde» in Hego A., Pratique et Perception de l'espace, *Cahiers du Centre de Recherche sur l'Impact Socio spatial de l'aménagement*, n° 1, pp. 11-28; Lee, T. (1976), *Psychology and the Environment*, London: Methuen; Moore, G., Colledge, R. (1976), *Environmental Knowing: Theories, Research and Methods*, Stroudsburg: Dowden; Canter, D. (1988), *Psychologie de l'Environnement*, traduit en grec par P. Kosmopoulos, Thessalonique: Presses Universitaires de Thessalonique. Sur les questions épistémologiques concernant l'espace perceptif voir Piaget, J. (1950), *Introduction à l'épistémologie génétique*, Paris: P.U.F. Sur la relation cognitive entre sujet et objet du point de vue psychologique cf. Lektrosky, V.A. (1980), *Subject, Object, Cognition*, Moscow: Progress Publishers.

de l'expérience, nous avons étudié les théories qui soutiennent l'interdépendance du sujet et de l'objet, et leur lien au sein d'un système d'influences et de dépendances, d' équilibres et de rôles équivalents entre certains termes de la relation. Comme l'indiquent Moore et Colledge[28], le fondement philosophique de ces théories est à trouver d' abord chez Kant et les néo-kantiens, où s'énonce la séparation fondamentale entre le contenu et la forme de la connaissance. En reliant le contenu de la connaissance à l'expérience et sa forme à sa construction a priori, ils rapprochent des points de vue diamétralement opposés sur la question de la relation sujet - objet. Dans ce contexte peuvent être classées les théories de la perception et de la connaissance de Werner[29], Kaplan[30] et Piaget[31], selon lesquelles la réalité existe indépendamment de la perception, mais ne peut être conquise qu'à travers les élaborations perceptives de l'information empirique. La connaissance serait la construction active, ou plus exactement la reconstruction de la réalité. Ici, le sujet constitue un élément actif dans le système d'interinfluences avec

[28] Moore, G., Colledge, R. (1976), *Environmental Knowing: Theories, Research and Methods*, Stroudsburg Dowden, Hutchinson Ross. Il faut noter que Kurt Lewin est considéré comme le représentant fondamental de cette tendance, profondément influencé par la théorie morphologique (*Gestalt theory*). Lui-même, créateur de la théorie du champ (*Field theory*), il introduit la notion du «champ psychologique» qu'il définit comme une totalité de faits coexistants, conçus comme mutuellement interdépendants. cf. Lewin, K. (1975), *Psychologie dynamique*, Paris: P.U.F.

[29] cf. Werner, H. (1957), "The concept of development from a comparative and organismic point of view" in D.B. Harris (ed.), *The Concept of Development*, Minneapolis: University of Minnesota Press, pp.125-48.

[30] cf. Kaplan, S. (1973), "Cognitive maps, human needs and the designed environment" in W. F. Preiser (ed.), *Environment Design Research*, vol. I, pp. 275-83, Stroudsburg: Dowden, Hutchinson & Ross.

[31] cf. Piaget, J. (1937), *La Construction du réel chez l'enfant*, Neuchatel et Paris: Delachaux et Niestlé; Piaget, J. (1947), *La Représentation de l'espace chez l'enfant*, Paris: Presses Universitaires de France; Piaget, J. (1950), *Introduction à l'épistémologie génétique*, Paris: Presses Universitaires de France.

l'environnement; l'objet se construit à partir du sujet, et n'est pas seulement reflété dans sa conscience.

Uexküll[32] signale aussi le rôle de l'action dans la relation communicationnelle individu - environnement. Il soutient que l'action, la vue et le toucher règlent les expressions de l'environnement qui se forment à leur contact avec l'objet. Les trois espaces auxquels il se réfère, l'espace d'action, l'espace de la vue et l'espace du toucher coexistent, se complètent l'un l'autre et forment la notion d'espace telle que la conçoit le sujet. Pendant la même période, Koffka[33] introduit la distinction entre l'espace géographique et l'espace du comportement, faisant correspondre au premier la dimension matérielle de l'espace et au second ses qualités symboliques et signifiantes qui se forment aussi à travers le vécu du sujet, individuel et collectif. Plus tard, Lewin[34], influencé par la théorie de la Forme (et que Koffka considère comme l'un de ses principaux représentants) introduit la notion de «champ psychologique», qu'il définit comme une totalité de faits coexistants, conçus comme mutuellement interdépendants. Cette approche du champ tient compte de deux facteurs: la personne et son milieu, ce dernier incluant l'espace physique. Le comportement (C) est donc fonction des deux termes : C = F (P.M.). Le concept que Lewin introduit pour rechercher les formes de comportement du sujet est l'espace de vie (*life space*). Ce concept concentre les caractéristiques matérielles de l'espace et d'autres facteurs, exogènes et endogènes qui influencent les processus de perception de l'environnement et fonctionnent comme régulateurs de son image. Le concept d'espace vécu suggère la

---

32 Uexküll, J. (1965), *Mondes animaux et monde humain*, Paris: Denoël/ Gonthier.

33 Koffka, K. (1935), *Principles of Gestalt Psychology*, New York: Harkourt and Brace.

34 Lewin, K. (1975), *Psychologie dynamique*, Paris: P.U.F.

forte interdépendance qui existe entre l'individu et son environnement. Plus tard, Barker[35] introduira la notion de cadre de comportement (*behavior setting*) pour traduire l'interdépendance des réactions psychologiques et du cadre matériel et social. Bien que dans ce cas, les équilibres entre le sujet et le facteur environnemental soient perturbés par l'importance assignée au second, le rôle de la situation dans laquelle se trouvent les individus devient particulièrement significatif, alors que leurs caractéristiques spécifiques bien que prises en compte sont sous-estimées, ce qui a pour résultat leur affaiblissement dans la forme d'interdépendance sujet - environnement.

La distinction entre l'espace matériel et l'espace subjectif est repérée également dans l'œuvre de Hall, Moles, Le Men et Fremont. Hall publie en 1966 une étude dont le titre, *La Dimension cachée*, suggère le caractère multidimensionnel et complexe du cadre de comportement. Les zones mentales spatiales qui entourent l'individu sont liées à ses caractéristiques particulières et culturelles, à ses activités et aux relations sociales qu'elles développent[36]. Les zones mentales spatiales constituent les «coquilles de l'homme» selon la théorie de Moles et de Rohmer, qui se concentre sous la forme «Moi - Ici - Maintenant». Les actions de l'individu (Moi) dans l'espace qui l'entoure directement (Ici), à un moment précis (Maintenant) sont celles qui forment l'espace symbolique et règlent sa relation avec les autres[37]. Le Men[38] distingue l'espace

---

35 Barker, G.R. (1968), *Ecological Psychology: Concepts and Methods for Studying the Environment of Human Behaviour*, Stanford: Stanford University Press.

36 Hall, E. (1966), *The Hidden Dimension*, New York: Doubleday.

37 Moles, A., Rohmer, E. (1982), *La Psychologie de l'espace*, Paris: Casterman et Moles, A., Rohmer, E. (1982), *Labyrinthes du vécu. L'espace: matière d'actions*, Paris: Librairie des Méridiens.

38 Le Men, J. (1966), *L'Espace figuratif et les structures de la personnalité*,

euclidien géométrique de l'espace émotionnel et sociodramatique, alors que Frémont[39] distingue l'espace objectif de l'espace de vie (ensemble des lieux fréquentés par l'individu), de l'espace social (qui se forme par le lien entre le lieu et les relations sociales qui unissent les individus du groupe donné), et de l'espace vécu (qui incorpore aussi la dimension sociale et affective de l'espace).

Les premières expériences que nous avons réalisées au cours de la période 1985-1992 nous ont permis de distinguer une catégorie d'espace que nous avons appelée espace activisé[40] afin de souligner le rôle participatif de l'espace - au niveau matériel et symbolique - dans les activités de l'individu et du groupe ainsi que les répercussions de cette situation sur la constitution de l'espace subjectif. Cet espace se distingue de l'espace d'action parce qu'il ne constitue pas un simple cadre matériel passif de développement de l'activité humaine, mais qu'il est activement impliqué dans cette dernière, par des transformations dans l'organisation déjà prévue, dans son usage et dans son esthétique ou par la formation de ses caractéristiques dans le processus de participation, de programmation, de design et de construction. Nous préciserons le sens de cette notion dans les chapitres qui introduisent la seconde phase de notre activité de recherche.

L'étude des recherches effectuées dans le cadre de l'interactionnisme, et qui concernent l'ensemble des systèmes

---

Grenoble: Presses Universitaires de Grenoble.

[39] Frémont, A. (1976), *La Région espace vécu*, Paris: Presses Universitaires de France.

[40] Tsoukala, K. (1990), *Perception de l'espace scolaire et pratique pédagogique: Étude comparatif entre pédagogie formelle et pédagogie Freinet dans les types architecturaux fermé et ouvert*, Thèse de Doctorat (sous la direction du Professeur P. Clanché), Université de Bordeaux II, U.E.R. des Sciences Sociales et Psychologiques. Du même auteur (1996), «Sens et représentation mentale: Le cas du quartier» in A.F. Lagopoulos, K. Bocloud, B. Tentokali, K. Tsoukala (éds.) *Homme le Signifiant,* Tome II / *Le regard postmoderne – l'espace mental,* Thessalonique: Paratiritis, pp. 305-320.

spatiaux a été une étape initiale nécessaire à notre recherche expérimentale personnelle et a conduit à une typologie des différentes tendances révélées par l'analyse des résultats.

Nous nous limiterons dans le présent chapitre à la présentation critique de certains représentants essentiels de ces tendances. Dans les chapitres qui font référence aux enquêtes que nous avons réalisées, nous inscrirons, dans le cadre d'une perspective critique et comparatiste, la suite des recherches qui correspondent à chaque fois à l'objet d'étude que chacun des chapitres traite.

Les approches microsociologiques, macrosociologiques et culturelles sont les trois catégories essentielles des recherches appliquées aux champs des Sciences du Comportement.

L'approche microsociologique concentre son intérêt sur le microsystème individu - espace. Le rôle social de l'individu, son expérience, son activité, son âge, son sexe, certaines caractéristiques morphologiques et fonctionnelles de l'environnement bâti sont examinés en tant que facteurs qui influencent la construction de l'image de l'espace sans être liés à l'environnement socio-économique et culturel. Le rôle social par exemple se limite à un système de droits et d'obligations, juridiques ou moraux. Cette réduction se révèle pourtant problématique car elle insiste trop sur l'aspect normatif *des règles qui dirigent* la conduite humaine.[41] L'activité et ses composantes sont également envisagées dans cette optique comme dépendantes de mobiles et d'objectifs liés principalement à l'environnement socioculturel de l'individu. La valeur attribuée par Canter à l'action est caractéristique. Elle se reflète dans son exposé sur l'état de ses travaux au Congrès International sur

---

[41] Canter, C. (1988), *Psychologie de l'environnement*, Thessalonique: Presses Universitaires de Thessalonique (traduit en grec par P. Kosmopoulos), p. 102. Du même auteur: (1988), "Action and place", in Canter, D., Krampen, M., Stea, D. (eds), *Ethnoscapes: Environmental Perspectives*, Aldershot, Hampshire: Gower.

«L'Environnement et l'activité humaine», tenu à Berlin-Ouest en juillet 1984. Il a proposé que les recherches n'aient pas pour objet l'environnement ni le comportement, mais l'action et l'espace, affirmant de cette façon le rôle de l'action dans la relation individu - environnement. Cet auteur se réfère à l'action qui intervient dans le cadre de l'objectif conscient, ainsi qu'aux théories qui fondent les activités dans l'espace. Il reprend des théories de Piaget, celle de la différenciation (moi - l'autre) et celle de l'adaptation, selon laquelle des échanges ininterrompus s'opèrent entre le corps et son milieu dans la double action du sujet sur l'objet (assimilation) et de l'objet sur le sujet (accommodation). Ces deux modes d'action, interdépendants, se combinent sans cesse pour maintenir l'état d'équilibre stable qui définit l'adaptation[42]. L'objet ou l'environnement auxquels se réfère Canter ne sont pas considérés comme un produit socioculturel qui fonctionnerait comme émetteur dans la transmission vers le sujet de valeurs et d'attitudes que la société intègre dans sa matérialité. Le sujet n'est pas non plus examiné comme membre d'une couche sociale plus importante dont les caractéristiques sociales, idéologiques et culturelles sont particulières. La logique du microenvironnement adoptée par cette tendance est une logique des relations interpersonnelles ou intergroupales envisagées comme étant coupées de l'infrastructure, des relations socio-économiques et spatiales qui la caractérisent.

Au contraire, l'approche macrosociologique lie l'activité aux caractéristiques microsociologiques et macrosociologiques de l'individu et de l'environnement. Cette deuxième tendance, qui prend en considération le sujet social et les facteurs sociaux de ses comportements et de ses objectifs étudie les activités par

---

[42] Piaget, J. (1974), *Adaptation vitale et psychologie de l'intelligence*, Paris: Hermann. Du même auteur, (1935), *La Naissance de l'intelligence chez l'enfant*, Paris: Delachaux et Niestlé. Voir aussi Piaget, J. (1937), *La Construction du réel chez l'enfant*, Paris: Delachaux et Niestlé.

rapport aux caractéristiques socio-économiques des individus, à leurs caractéristiques culturelles, à l'organisation de la vie sociale, et à la production sociale de l'espace urbain. Le concept de l'activité dans l'œuvre de Ledrut constitue un exemple caractéristique[43]. Selon lui, les significations de l'espace urbain n'existent pas si elles sont séparées de la pratique qu'en ont les hommes d'un temps et d'un monde donnés. Cette position met en avant le rôle du mode de production, du système social et des facteurs culturels et anthropologiques dans la structuration de l'expérience humaine. Le champ de l'expérience urbaine n'est pas un champ de significations inhérent à la ville, significations liées à des personnes bien distinctes de la ville ou même à des relations mécaniques entre deux protagonistes étrangers l'un à l'autre. Cette expérience est celle d'une époque et elle se trouve structurée par tout ce qui définit cette époque.

L'approche culturelle, quant à elle, a proposé le schéma d'analyse S - R, en considérant le facteur culturel comme élément intermédiaire de ce schéma. White[44], qui peut être considéré comme l'instigateur de l'approche culturelle, propose une formule à trois termes du comportement humain: organisme humain x stimuli culturels = comportement. Selon lui, la culture, qui se développe et prend pour les individus la forme des significations transmises par les signes-symboles verbaux

---

43 Ledrut, R. (1973), *Les Images de la cité*, Paris: Anthropos.

44 White, L.A. (1949), *The Science of Culture. A Study of Man and Civilization*, New York: F.S. and Co. À cette approche appartient l'étude récente d' Augustin Berque *Le Sens de l'espace au Japon*. La langue japonaise constitue le véhicule principal d'approche des phénomènes spatiaux. Augustin Berque analyse le terme *ma* pour répondre aux questions posées au début de sa recherche par rapport au «pont» qui existe entre ce que l'espace est en soi et ce qu'il est pour le sujet. Selon lui, c'est le sens qui constitue le «pont», la culture étant le mécanisme qui préside à sa formation. Cette dernière donne au monde un sens, «l'âme d'une culture donnée sera la manière dont elle procède à cette métaphore, à ce transfert du non-sens vers le sens» [voir Berque, A. (2004), *Le Sens de l'espace au Japon. Vivre, penser, bâtir*, Paris: Arguments, p. 28].

intervient avec l'apparition de la société humaine. Il est important de rappeler ici la pensée critique de Leontiev[45]: selon lui, la formule de White dépasse le postulat d'immédiateté et le schéma S - R qui en résulte de façon illusoire. En effet, l'introduction, dans ce schéma, en tant que chaînon intermédiaire, de la culture communiquée par les systèmes des signes, enferme inévitablement la recherche en psychologie dans les seuls phénomènes de la conscience sociale et individuelle. Il s'opère en réalité une simple substitution: le monde des significations et des signes élaborés par la société remplace désormais celui des objets. Nous retrouvons donc le schéma à deux termes S - R mais cette fois, les stimuli sont interprétés comme «stimuli culturels». C'est ce qu'exprime cette autre formule de White, qui traduit la différence entre les réactions physiques des animaux et des hommes:

vm = f(vb) chez les animaux

vm = f(vc) chez l'homme

Où v représente les variables, m le psychisme, b l'état physique, et c la culture.

Si les conceptions sociologiques issues des théories de Durkheim conservent d'une façon ou d'une autre l'idée que l'interaction entre l'homme et le monde concret est la donnée première, en revanche la tendance culturaliste présentée ci-dessus ne considère que l'action des «objets extra somatiques» sur l'homme, qui forment un continuum se développant suivant des lois «suprapsychologiques» propres à une science particulière: le culturalisme. Dans cette approche, les individus ne sont que les «agents catalyseurs» et le «milieu d'expression» du processus culturel.

---

[45] Leontiev, A. (1975), *Activité, Conscience, Personnalité*, Moscou: Editions du Progrès, pp. 86-87.

Les positions de Rapoport[46], qui appartiennent aux approches culturalistes se différencient toutefois des précédentes par l'introduction du rôle des «différents groupes» dans les processus de perception et de valorisation de l'environnement. Le terme «groupe» a ici une connotation sociologique (et non seulement culturelle), puisque Rapoport se réfère à différentes classes sociales. Nous pourrions ainsi caractériser cette approche comme un «type mixte», à la fois culturel et social. Pourtant, la composante sociale est simplement ajoutée à la composante culturelle, sans primer dans les questions de relations individu - environnement. Se référant aux «*filter models*» et à la différence entre «*objective and perceived worlds*», Rapoport souligne que les règles utilisées dans la sélection, la modification et la restructuration de l'espace mental font partie du système général des règles culturelles utilisées pour effectuer des choix; ce sont des règles servant à la fois à construire l'environnement perçu, et à agir sur lui. Il existe aussi des règles incluses dans l'organisation de l'environnement physique. La logique «normative» prédomine donc comme critère d'interprétation autant en ce qui concerne la perception de l'environnement, l'action de l'individu sur celui-ci, qu'en ce qui concerne la production et l'organisation de l'environnement bâti.

Nous pouvons considérer comme un autre représentant de ce «type mixte» Pocock[47] qui soutient que la classe sociale, le sexe et l'âge constituent avec la culture des facteurs de régulation du comportement de l'individu. Pour souligner le rôle de ces

---

[46] Rapoport, A. (1977), *Human Aspects of Urban Form. Towards a Man-Environment Approach to Urban Form and Design*, New York: Pergamon Press.

[47] Pocock, D.C.D. (1974), *The nature of environmental perception* (Occasional Publications NS4), Department of Geography, University of Darham. Voir aussi Pocock, D.C.D. (1972), "City of the mind: A review of mental maps of urban areas" in *Scottish Geographical Magazine*, vol. 88, n° 2, pp. 115-24. Du même auteur, (1979), "The contribution of mental maps in perception studies" in *Geography*, vol. 64, n° 285, pp. 279-87.

facteurs, il se réfère à Neisser qui écrit en 1967: «nous n'avons pas d'accès direct, immédiat au monde, ni à aucune autre de ses qualités... Tout ce que nous savons sur la réalité a été médiatisé»[48]. Néanmoins, le paramètre qui contient les caractéristiques culturelles précitées et fonctionne comme un noyau dur du point de vue de Pocock est le style de vie.

Concentrant notre intérêt sur l'approche sociologique, nous avons voulu que la logique épistémologique de l'interactionnisme qui a encadré nos premières recherches comprenne des caractéristiques microsociologiques et macrosociologiques des individus et de l'environnement bâti. L'espace bâti en tant que produit social et par conséquent en tant que système sémiotique de l'espace a retenu notre intérêt, de même que les transformations géométriques et significatives que son usage par l'individu a imposées dans certains cas. Nous nous sommes occupée également de l'individu en tant que membre d'un petit groupe social et en tant qu'élément d'un ensemble social plus vaste. Nous avons recherché comment ces caractéristiques sociales (origine sociale, activités, communication avec l'autre et avec l'environnement), qui se manifestent dans des cadres institutionnels ou non (éducation, jeu, loisirs), influencent la perception sensorielle des stimuli spatiaux pour former avec d'autres facteurs la représentation mentale de l'espace. Le type d'activité avec autrui (autodirigée, hétérodirigée, solitaire, parallèle ou coopérative) et avec l'environnement micro matériel (activité pratique, utilisation d'éléments matériels etc.) a constitué un champ de recherche, à partir de l'analyse théorique de l'école marxiste de Vygotsky concernant le rôle des outils (objets fabriqués culturellement et socialement) dans les processus intellectuels supérieurs et les conclusions des

---

[48] Neisser, U. (1967), *Cognitive Psychology*, New York: Appleton - Centurt - Crofts, p. 3.

recherches expérimentales sur le rôle de la communication individu - autrui dans la reconstruction de l'espace.

Nos enquêtes sur le milieu familier et le macro environnement de l'enfant s'inscrivent dans cette première étape. Le milieu scolaire nous a permis d'étudier des facteurs sociaux dans leur fonction et dans leur aspect institutionnalisé, alors que le trajet du domicile à l'école et le quartier ont constitué les domaines d'étude des formes libres et non institutionnalisées de la communication.

Chapitre 4

L'espace vécu de l'école

Les qualités psychosociologiques de l'espace scolaire

L'école et le domicile sont les cadres matériels et sociaux dominants dans les processus de développement et d'éducation de l'enfant. L'école qui occupe une place particulièrement importante dans le système spatio-temporel de l'action des jeunes individus, n'a pas été une institution à toutes les époques de l'histoire de notre civilisation. L'école, en tant que milieu où s'exercent «des activités éducatives obligatoires» et en tant qu'édifice public lisible dans le tissu urbain, a été fondée au XIXe siècle.[49] Symbole du pouvoir de l'Etat bourgeois récemment créé, elle développe dès lors son potentiel humain et ses espaces pour répondre aux besoins constamment accrus de la période industrielle et, aujourd'hui, de la période électronique du développement des sociétés.

L'enfant est appelé à être instruit dans un espace «spécifique», en étant le plus souvent coupé de son environnement. Espace introverti, ayant comme élément structurel dominant la classe, il répartit et hiérarchise sa population, conformément aux valeurs et aux modèles de comportement de chaque formation sociale existante. Malgré

---

[49] Tsoukala, K. (1998), *Tendances en architecture scolaire. Du pédocentrisme fonctionnel à l'approche post-moderne*, Thessalonique: Paratiritis.

les mutations qu'il a connues à chaque période historique, soit comme espace «ouvert» organisé pour des groupes d'individus distincts en nombre selon leurs intérêts et leurs préférences, soit comme espace secteur d'un ensemble polyvalent ou même comme lieu d'application de préoccupations morphologiques et symboliques, l'environnement scolaire garde son caractère «fermé» et sa qualité d'espace «spécifique à l'éducation de l'enfant»[50].

L'évolution de la théorie et de la pratique pédagogiques dès le début du XXe siècle déjà, le fait que l'architecture commence à être considérée comme une science dans les années '60, les préoccupations sociales des architectes de la période 1970-90 et l'évolution technologique contemporaine n'ont pas bouleversé la logique initiale de la formation de l'espace scolaire[51]. Que l'éducation soit centrée sur le maître ou sur l'enfant, que l'organisation du plan soit «ouverte» ou «fermée», que l'environnement soit amical ou au contraire neutre, voir dissuasif, l'espace scolaire détache quotidiennement l'enfant du reste de l'environnement en vue d'activités d'une relativement longue durée.

Quelle relation lie l'enfant à cet espace? Un grand nombre de chercheurs a tenté de répondre à cette question à travers différentes approches. La performance et la concentration de l'élève et leur relation avec la place de l'élève dans la classe ou avec la disposition de l'équipement[52], le comportement social

---

50 Ibid. Pour une analyse approfondie des bâtiments scolaires en Grèce: Germanos, D. (2002), *Les Murs de la connaissance - Espace scolaire et enseignement*, Athènes: Gutenberg.

51 Tsoukala, K (1998), *Tendances en architecture scolaire. Du pédocentrisme fonctionnel à l'approche post-moderne*, op.cit.

52 Sommer, R. (1967), "Classroom ecology" in *Journal of Applied Behavioral Science*, n° 3, pp. 489-503; Walberg, H. (1969), "Physical and psychological distance in the classroom" in *School Review*, vol. 77, n° 1, pp. 64-70; Sygollitou, E. (1987), *Approche écologique du comportement de l'enfant d'âge préscolaire*, thèse de Doctorat, Université Aristote de Thessalonique,

de l'enfant (attitude agressive ou coopérative) qui dépend à un certain degré de la taille - en effectifs et en espaces - de l'école et de la densité de l'espace, le type des activités de l'élève dans des conditions de planification «ouverte» ou «fermée» ont été étudiés tantôt à travers le béhaviorisme (déterminisme spatial), tantôt à travers des approches d'une orientation culturelle ou sociale[53]. Une deuxième catégorie de recherches s'est intéressée aux désirs des élèves et à l'image qu'ils se font de l'école idéale en ce qui concerne l'espace intérieur et extérieur, tandis que d'autres ont concentré leur intérêt sur la contribution du cadre architectural matériel au développement global de l'élève[54]. Les

---

Département de Psychologie et Pédagogie. Sur la classification et l'analyse critique des recherches effectuées dans cette approche: Derouet-Besson, M. (1984), *L'École et son espace*, Paris: Collection Rapports de Recherche, n° 3, Département Evaluation et Fonctionnement des Systèmes éducatifs; Weinstein, C. (1979), "The physical environment of the school: A review of the research" *in Review of Educational Research Fall*, vol. 49, n° 4, pp. 577-610; Tsoukala, K. (1998), *Tendances en architecture scolaire - Du pédocentrisme fonctionnel à l'approche post-moderne*, Thessalonique: Paratiritis et Tsoukala, K. (1999), «Psychologie de l'environnement et espace scolaire» *in Revue Scientifique* de l'Ecole Polytechnique de Thessalonique, vol. IE'/B, pp. 605-621; Sygollitou, E. (1993-94), *Introduction à la Psychologie de l'Environnement*, Thessalonique: Université Aristote.

[53] Gump, P. (1978), "School environments" in I. Altman, J. P. Wohlwill (eds), *Children and the Environment*, New York: Plenum Press; Gifford, R. (1976), "Environmental numbness in the classroom" in the *Journal of Experimental Education*, vol. 74, n° 3, pp. 4-7; Barker, R., Gump, P. (1964), *Big Schools, Small Schools*, Palo Alto CA: Stanford University Press. Du même auteur: (1974), "Operating environments in schools of open and traditional design" in *School Review*, vol. 82, n° 4, pp. 575-93.

[54] Sur l'école idéale: Boris, J. (1971), «L'enfant architecte» in *Architecture d'Aujourd'hui*, n° 154, pp. 7-10 et Tsoukala, K. (1994), «De l'espace réel à l'espace idéal» in P. Pellegrino (éd.), *Figures architecturales et Formes urbaines*, Genève: La Bibliothèque des formes, Anthropos - Economica, pp. 673-84. Sur l'influence de l'espace scolaire au développement cognitif, social et affectif de l'enfant: Moore, G. T. (1987), "Physical environment and cognitive development in child care centers" in C.S. Weinstein and T.G. David (eds), *Spaces for Children: the Built Environment and Child Development*, New York: Plenum Press; Moore, G.T., Lane, G.G., Cohen, U., McGinty, T. (1994), *Recommendations for Child Care Centers*, Milwaukee: University of Wisconsin, Center for Architecture and Urban Planning Research; Moore, G.T., Lackney, J.A. (1994), *Educational Facilities for the*

notions d'espace transitoire, de «*responsive space*» et d'environnement complexe, d'espaces ouverts transformables, de stimuli divers, de zones d'action des élèves délimitées ont été mises en évidence par les recherches expérimentales de Moore, Evans, Kliewer et Martin, Ulvund et Olds, Burnette et Weinstein[55]. Même des notions telles que «voies», «nœuds», «points de repère» et «quartiers», avancées par Lynch[56] comme les éléments de l'espace urbain qui contribuent à le rendre lisible, sont proposées pour l'organisation de l'espace scolaire. Ces principes de planification témoignent d'un effort pour que l'espace architectural facilite ou encourage le passage d'un stade égocentrique à un stade allocentrique, c'est-à-dire le passage d'un point de vue subjectif à un point de vue objectif, le passage de l'identification de l'enfant et de l'objet à leur distinction. D'autres efforts s'intéressent à l'influence de l'espace bâti sur la construction de notions topologiques, descriptives et autres[57]. Des environnements sont créés, qui

---

Twenty-First Century: Research Analysis and Design Patterns, Milwaukee: University of Wisconsin, Center for Architecture and Urban Planning Research.

[55] Moore, G.T., Lane, G.G., Cohen, U., McGinty, T. (1994), *Recommendations for Child Care Centers*, Milwaukee: University of Wisconsin, Center for Architecture and Urban Planning Research; Moore, G.T., Lackney, J.A. (1994), *Educational Facilities for the Twenty-First Century: Research Analysis and Design Patterns*, Milwaukee: University of Wisconsin, Center for Architecture and Urban Planning Research; Evans, Kliewer, Martin (1991), "The role of physical environment in the health and well-being of children" in H.E. Schroeder (ed.), *New Directions in the Health Psychology Assessment*, New York: Hemisphere Publishing Corp, pp. 127-57; Ulvund, S.E. (1981, "The psychological basis for the identification of physical environmental parameters in the development of early cognitive competence" in *Scandinavian Journal of Educational Research*, vol. 25, n° 3, pp. 125-40; Olds, A.R. (1989), Psychological and physiological harmony in child care center design" in Children's Environments' Quarterly, vol. 6, n° 4, pp. 8-16; Weinstein, C. (1979), "The physical environment of the school: A review of the research" *in Review of Educational Research Fall*, vol. 49, n° 4, pp. 577-610.

[56] Lynch, K. (1960), *The Image of the City*, Massachusetts: The M.I.T. Press.

[57] Germanos, D. et al. (1990), *Pédagogie et espace scolaire*, Thessalonique:

stimulent et provoquent les actes sensori-moteurs de l'enfant, qui facilitent son activation comme récepteur, manipulateur et transformateur de l'information environnementale, qui cultivent le besoin d'exploration et de repérage dans l'environnement et qui en même temps contribuent, par leur structure et leur échelle, à la compréhension de notions sociospatiales, physiques et logicomathématiques.

Même si elles sont proposées par des approches scientifiques différentes, nous ne pouvons pas dire que ces qualités de l'espace s'opposent. Elles ont certains paramètres communs, tandis que d'autres peuvent être considérés comme complémentaires. Il est sans aucun doute difficile d'évaluer le poids spécifique des valeurs environnementales partielles dans le cadre de l'ensemble des principes de planification qui ont été proposés et/ou appliqués dans certains cas. Cependant, la valeur de l'adaptabilité de l'espace (principalement dans le sens de «*responsive space*») et celle des zones délimitées sur lesquelles nous avons focalisé notre attention semblent pourtant acquérir grâce à l'analyse théorique une plus grande importance dans les processus de perception, de connaissance et d'appropriation de l'espace.

Pédagogie et bâtiment scolaire: deux systèmes sémiotiques

L'environnement scolaire a constitué notre premier champ de recherche du comportement spatial des enfants comme

---

Université Aristote; Tsoukala, K. (1995), «Espace bâti et relations topologiques» in *Revue Scientifique* de l'Ecole Polytechnique de Thessalonique, vol. 13, pp. 369-79. Des études concernant le rôle des relations topologiques sur le développement cognitif de l'enfant nous citons: Piaget, J. Inhelder, B. (1947), *La Représentation de l'espace chez l'enfant*, Paris: P.U.F.; Sauvy, J. et S. (1972), *L'Enfant à la découverte de l'espace*, Paris: Casterman; Pécheux, M.G. (1990), *Le Développement des rapports des enfants à l'espace*, Paris: Nathan.

mésoéchelle de l'espace (bâtiment, classe, cour) et comme microéchelle (équipement de la salle de classe)[58]. Ce champ a été considéré comme un système qui comprend les éléments de la structure matérielle et sociale: les éléments architecturaux stables (limites matérielles, ouvertures, éléments de communication), l'équipement des lieux (objets, meubles, outils éducatifs), les membres de la communauté scolaire comme individus (caractéristiques particulières) et comme membres de groupes (communication interpersonnelle et éducative, communication avec d'autres membres de la communauté scolaire et avec les outils d'apprentissage).

Conformément au cadre épistémologique analysé dans les chapitres précédents, la pratique éducative comme communication de l'élève avec les objets outils de connaissance et comme communication avec d'autres individus ou groupes, a constitué, avec l'origine sociale et le type d'espace scolaire - planification ouverte/fermée -, le corps des variables que cette recherche a entrepris d'explorer comme système qui influence et modèle les comportements et attitudes spatiales. Ce sont des variables qui prennent en considération l'environnement macrosocial (origine sociale, intégration dans des milieux sociaux, système éducatif, production matérielle et sémiotique de l'espace) ainsi que l'environnement microsocial (pratique éducative dans les limites des écoles concernées, relations interpersonnelles).

---

58 Tsoukala, K. (1990), *Perception de l'espace scolaire et pratique pédagogique. Etude comparative entre pédagogie formelle et pédagogie Freinet dans les types architecturaux fermé et ouvert*, thèse de Doctorat, Université de Bordeaux II, mention Sciences de l'Education. Du même auteur: (1994), «Perception de l'espace scolaire par les écoliers, étude comparative, pédagogie formelle, pédagogie Freinet», in P. Clanché, E. Debarbieux, J. Testanière, *La pédagogie Freinet. Mises à jours et perspectives*, Bordeaux: Presses Universitaires de Bordeaux, pp. 361-70. Voir aussi: Tsoukala, K. (1998), «Activité socio spatiale et perception de l'espace scolaire» in *Tracer*, n° 14, pp. 57-63; Tsoukala, K. (1995), «Espace bâti et relations topologiques » in *Revue Scientifique* de l'Ecole Polytechnique de Thessalonique, vol. 13, pp. 369-79 et (1989), «Espace et vécu scolaire» in *Le Nouvel Educateur*, n° 6, pp. 1-3.

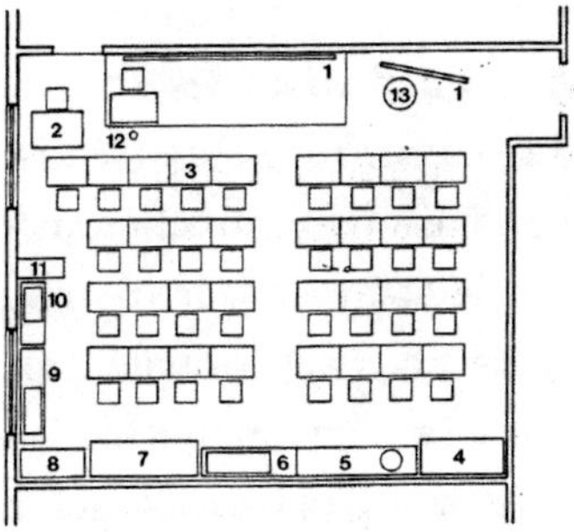

Image 1a. Espace de travail dans l'école de type architectural *fermé* et de pédagogie *formelle*.

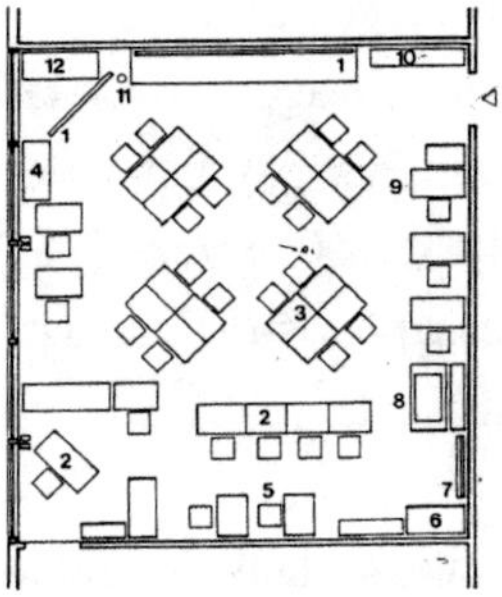

Image 1b. Espace de travail dans l'école de type architectural *fermé* et de pédagogie *Freinet*.

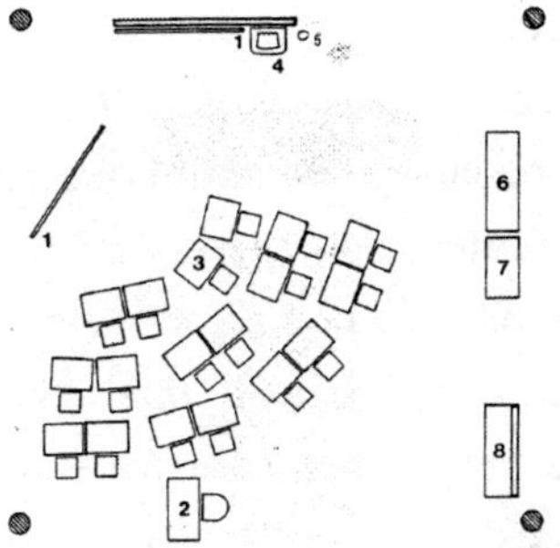

Image 2a. Espace de travail dans l'école de type architectural *ouvert* et de pédagogie *formelle*.

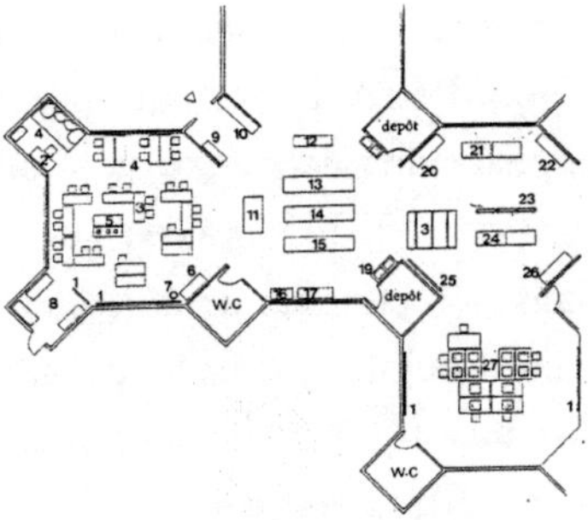

Image 2b. Espace de travail dans l'école de type architectural *ouvert* et de pédagogie *Freinet*.

Deux types opposés d'espace scolaire et deux types contraires de pratique scolaire ont été choisis. Les combinaisons de ces catégories d'espace architectural et éducatif ont produit finalement quatre différents types d'environnement scolaire: le type d'espace scolaire fermé (aires d'activités indépendantes, séparées par des murs) combiné à une pratique pédagogique fermée (pédagogie formelle), le type d'espace scolaire fermé combiné à une pédagogie ouverte (pédagogie active -Freinet-), le type d'espace scolaire ouvert (plan libre, sans cloisons intérieures) combiné à une pédagogie fermée et enfin le type d'espace scolaire ouvert combiné à une pratique pédagogique ouverte (image 1a-b, 2a-b). L'analyse qualitative des données rassemblées par des interviews et des cartes mentales (réalisés auprès de 60 enfants) a livré des conclusions particulièrement intéressantes sur l'espace, transformant le cadre épistémologique initial de la recherche. Ces conclusions nous ont orientée plus tard vers l'interactionnisme social et vers la tentative de son application dans le champ cognitif de la psychosociologie de l'espace. Cette orientation épistémologique sera analysée dans un prochain chapitre qui introduira le lecteur à la seconde étape de notre recherche.

Nous nous limiterons pour le moment à la présentation sommaire des conclusions de la recherche, après avoir tout d'abord éclairci certains points qui concernent les deux couples opposés de l'espace et de la pratique pédagogique dont nous nous sommes occupée. Avec ces deux couples, nous avons introduit dans la recherche deux systèmes sémiotiques de l'environnement macrosocial. L'espace comme produit social revêt une double dimension, matérielle et signifiante: outre ses caractéristiques matérielles, géométriques euclidiennes, il constitue un système sémiotique, émetteur de messages qui sont liés aux valeurs et aux modèles du système social qui l'ont produit. L'espace comme objet d'usage sous-entend le système sémiotique de la communication et de l'action des sujets qui l'habitent, dans notre cas celui des membres de la communauté scolaire qui co-fonctionnent au sein d'un cadre éducatif précis, et en ce sens il se transforme en un nouveau système sémiotique. Ce nouveau système sémiotique contribue à la formation de la nouvelle identité de l'espace qui contient des phénomènes de morphostase (maintien au cours du changement du système sémiotique d'éléments de l'identité initiale de l'espace produit) et de morphogenèse (changement au cours de l'usage de l'espace d'éléments de l'identité initiale de l'espace produit). Cet espace nouveau quant à sa signalisation est l'espace de communication, c'est-à-dire l'union de l'espace matériel et symbolique primaire et de l'espace vécu secondaire. Le choix de signalisations opposées dans le cas du cadre bâti mais aussi éducatif facilite la reconnaissance de l'espace de communication.

Les caractéristiques sémiotiques de l'espace scolaire produit dans le cas du type fermé sont repérées au niveau de l'aménagement, de l'organisation du plan et de la façade mais aussi de l'unité structurelle du bâtiment, à savoir de la classe. Cette dernière va acquérir un statut particulièrement fort au niveau de l'architecture scolaire. Expression d'un modèle précis de comportement éducatif et social, elle s'imposera comme le seul exemple d'organisation de l'espace scolaire jusqu'au milieu du XXe siècle, en dépit de la réaction contre la pédagogie traditionnelle à la fin du XIXe siècle. La classe, unité structurelle de composition du type de bâtiment fermé, constitue le cadre matériel essentiel d'apprentissage pour des groupes d'enfants du même âge. La disposition de l'équipement complète le diagramme de ses signalisations: mode d'organisation de l'éducation qui donne au maître une place centrale et qui se concentre sur l'observation du programme, avec une faible contribution des élèves dans la formation du processus éducatif. La disposition des bancs en rangées parallèles orientées vers le tableau sert le travail individuel des élèves, excluant d'autres schémas de communication fondés sur la collaboration. Au contraire, le type ouvert du bâtiment scolaire, lié aux courants pédocentriques de la pédagogie, facilite le développement de formes d'apprentissage s'appuyant sur la collaboration et l'usage des outils pédagogiques par l'enfant lui même, l'interaction pédagogique et la relation de la pratique et des processus éducatifs.

Les enquêtes sur le terrain, dans des écoles de trois villes de France (Paris, Caen, Nevers), ont fourni un grand nombre d'informations sur l'identité et la structure de l'espace de communication, de l'espace d'usage, de l'espace vécu, affectif et sociodramatique. L'élaboration de ce matériau a révélé ce qu'Edward Hall[59] a appelé «la dimension cachée de l'espace», en se référant à ces qualités de l'environnement que la relation communicationnelle avec les objets et avec autrui forme.

Le rôle du système sémiotique d'enseignement et des relations interpersonnelles

Dans cette recherche, nous avons constaté la fluidité des limites matérielles, des distances euclidiennes, des objets de l'espace eux-mêmes, des dimensions et des proportions de l'espace. Le régulateur de cette fluidité est la relation de communication de l'enfant avec le reste des membres de la communauté scolaire, avec l'espace et les outils d'apprentissage. Relation de communication qui est co-formée à partir des modèles, des valeurs et des objectifs de chaque cadre éducatif, mais aussi à partir du facteur affectif qui est impliqué dans le contact social du sujet avec autrui au-delà des cadres institutionnels et des environnements normatifs. Les limites qui sont dessinées par les enfants peuvent être considérées des limites institutionnelles (limites qui ne représentent pas la réalité objective. Elles symbolisent le système de l'éducation traditionnelle où le maître occupe la place centrale et la communication se réalise à un niveau individuel[60]) (image 3). De même on peut évoquer les distances affectives entre les bancs. Les rangées en réalité continues sont perçues comme

---

[59] Hall, E. (1971), *La Dimension cachée*, Paris: Seuil.

[60] Nous avons observé qu'un certain nombre d'enfants (4 sur 12) qui fréquent le bâtiment de type «ouvert» (plan libre, sans murs intérieurs) représentent l'espace de la classe comme espace fermé -ayant des éléments verticaux (murs) qui le sépare des autres aires d'enseignement-. Les limites dessinées par les enfants ne représentent pas la réalité objective, mais elles symbolisent le caractère «fermé» du système éducatif appliqué à cette catégorie d'écoles (limites institutionnelles).

discontinues et signalent l'isolement auquel conduit le système précité ou bien la continuité est conservée dans le cas des relations amicales communicationnelles et trouble l'homotopie de l'espace représenté des objets[61]. Tout ceci montre l'implication du facteur social, éducatif, matériel et affectif dans la formation de l'espace subjectif (image 4a-d).

Image 3. Limites subjectives de l'espace de travail (limites «institutionnelles». Dessin réalisé par Margot, 8 ans. Catégorie d'écoles : architecture ouverte / pédagogie formelle.

---

[61] Dans le premier type d'école (pédagogie formelle/espace fermé) seulement 4 enfants sur 12 sont classés dans la catégorie «places associées». Dans cette catégorie appartiennent les enfants qui dessinent les bancs accolés, comme ils sont aménagés en réalité. Un petit nombre d'enfants (3 sur 12) apparaissent aussi dans le type pédagogie formelle/espace ouvert. Tandis, que contrairement aux 2 autres types (pédagogie ouverte -Freinet-/espace fermé, pédagogie ouverte -Freinet-/espace ouvert) l'ensemble des enfants s'inscrit dans cette catégorie (places associées). Le reste des enfants, 6 appartenant au type pédagogie formelle/espace fermé et 9 appartenant au type pédagogie formelle/espace ouvert s'inscrivent dans la catégorie «places dissociées». Les enfants représentent les bancs non pas comme ils sont aménagés en réalité. Ils les dessinent de façon dissociée selon leur sentiment d'isolement formé par le système éducatif fermé. Les 2 enfants restants du premier type d'école (pédagogie formelle/espace fermé) appartiennent à la catégorie «places associées seulement autour de la place personnelle» (effectifs obtenus par l'analyse des dessins montrant la dimension affective de l'espace perçu).

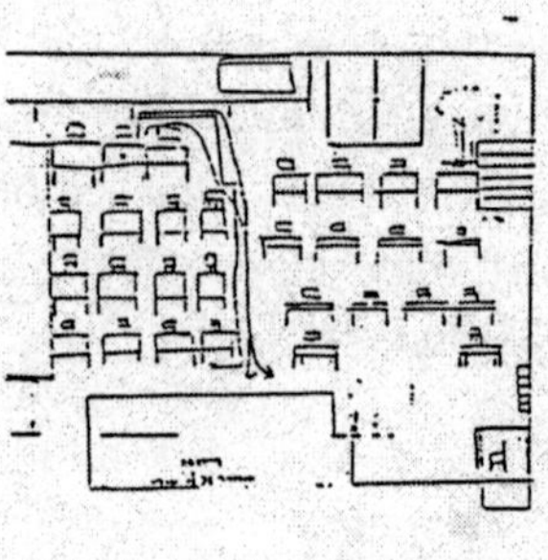

Image 4a. Distance subjective (distance «affective»). Dessin réalisé par Margot, 8 ans. Catégorie d'écoles: espace fermé / pédagogie formelle (dans la classe réelle, les bancs forment des rangées continues).

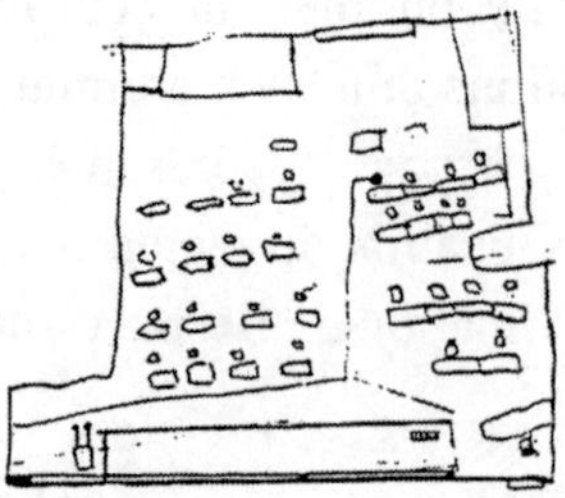

Image 4b. Distance subjective (distance «affective»). Dessin réalisé par Pierre, 10 ans. Catégorie d'écoles : espace ouvert / pédagogie formelle (dans la classe réelle ; les bancs forment des rangées continues).

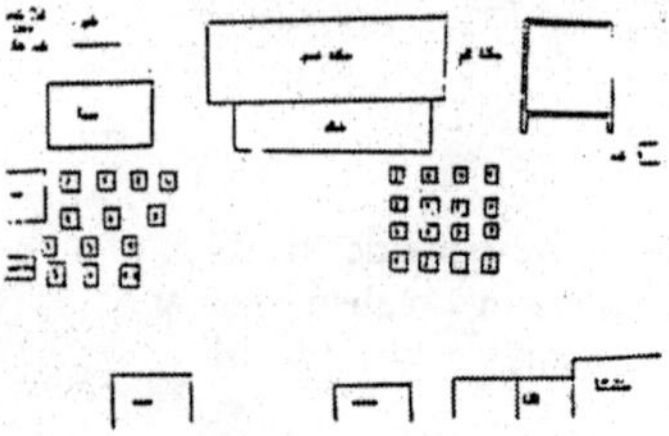

Image 4c. Distance subjective (distance «sociopédagogique»). Dessin réalisé par Jérôme, 11 ans. Catégorie d'écoles : espace fermé / pédagogie formelle (dans la classe réelle, les bancs forment des rangées continues).

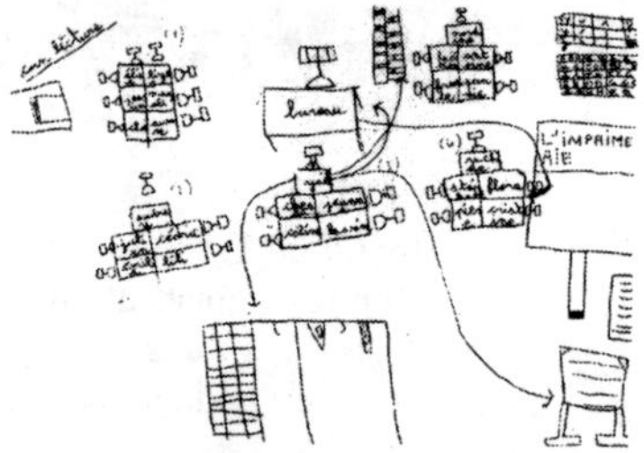

Image 4d. Distance subjective (distance «sociopédagogique»). Dessin réalisé par Yaël, 9 ans. Catégorie d'écoles : espace fermé / pédagogie Freinet (dans la classe réelle, les bancs forment des rangées continues).

Le rôle de l'espace architectural

L'implication des facteurs sociaux dans la formation de l'espace subjectif s'affaiblit dans le cas de l'orientation spatiale de l'individu. La limite matérielle (mur, équipement) semble influencer, indépendamment d'autres éléments, la formation du système de référence qui a trait à l'organisation de l'espace mental. Les erreurs topologiques survenant au cours de la représentation topographique (image 5a-b) diminuent ou disparaissent définitivement dans le cas où des limites matérielles existent. Au contraire, leur absence modifie la structure spatiale[62].

Le rôle de l'action praticosensorielle

L'activité praticosensorielle de l'enfant, sa relation de communication avec l'espace et les outils d'apprentissage se distinguent comme régulateurs des objets représentés (équipement des espaces de l'école). Le simple contact visuel avec ces objets, remarqué dans le cadre de l'éducation traditionnelle, fait perdre à l'espace une part de sa matérialité.

Image 5a. Erreurs topologiques dans le dessin de l'espace de travail (école de type architectural «ouvert»)

Image 5b. Erreurs topologiques dans le dessin de l'école (école de type architectural «ouvert»)

L'espace réel plein d'objets est évoqué dans les discours et représenté dans les dessins des enfants comme vide. L'absence d'action instrumentale entraîne la perte du sens de l'espace

---

62 Les enfants qui fréquentent des bâtiments avec un espace intérieur ouvert et dépourvu d'éléments verticaux, soit refusent de dessiner, soit dessinent (1 seul enfant) avec une déviation considérable de la réalité relative à l'organisation topologique des éléments spatiaux.

(image 6a-d). Le choix des éléments représentés et généralement la structuration dynamique de l'image mentale dépendent directement de celle de la forme de communication. Dans le cas de l'activité praticosensorielle de l'enfant, ces objets matériels et culturels fonctionnent comme outils psychologiques qui règlent l'identité, la structure et la signification de l'espace mental.

La notion de l'espace activisé

Si certaines observations ont vérifié les hypothèses de départ de notre travail, d'autres ont constitué la force motrice de l'évolution de son cadre épistémologique et de l'application de ce dernier dans les sciences de l'espace. Dans le système de l'éducation pédocentrique, nous avons remarqué la «synomorphie» entre espace réel (structure sociomatérielle) et espace mental (structure psychosociologique). L'organisation, l'esthétique et le fonctionnement de l'espace constituent, dans le cas concret de la pratique pédagogique, un objet d'activité éducative dans un cadre de relations communicationnelles équilibrées. La contribution conceptuelle de la recherche à ce niveau de la relation communicative enfant - espace se concentre dans le terme *espace activisé* qui tente d'exprimer le rôle participatif de l'espace dans les processus d'éducation de l'enfant tout comme dans les processus d'attribution de sens à l'environnement. D'une part, l'implication de l'espace dans le programme éducatif - dans ses objectifs et ses activités - enrichit l'action communicative de l'enfant, et d'autre part elle réussit à renforcer l'identité de l'espace, la capacité de l'enfant à reconnaître ses éléments et sa structure. Cette constatation dirige notre intérêt vers l'interactionnisme social. Sa différence avec l'interactionnisme consiste dans la façon de considérer la relation communicative sujet - autrui et sujet - objet.

L'interactionnisme social accorde une importance particulière aux nuances de cette relation dans l'environnement microsocial tout comme dans le microsystème de l'espace (objets). Il n'examine donc pas les interactions individu – environnement, comme cela se passe dans le cas de l'interactionnisme, uniquement à travers le filtre des caractéristiques des membres de cette relation (origine sociale et rôle de l'individu, identité culturelle, tranche d'âge, sexe, caractéristiques socioculturelles et spatiales de l'environnement). Sans nier ces caractéristiques, il se concentre sur les structures communicatives à la micro-échelle sociale et spatiale de l'environnement. L'application de cette approche à la psychosociologie de l'espace et la formation conceptuelle dans le nouveau champ d'application ont été l'objectif de notre recherche dans l'étape qui a suivi et qui a choisi comme cadre d'expérimentation la ville.

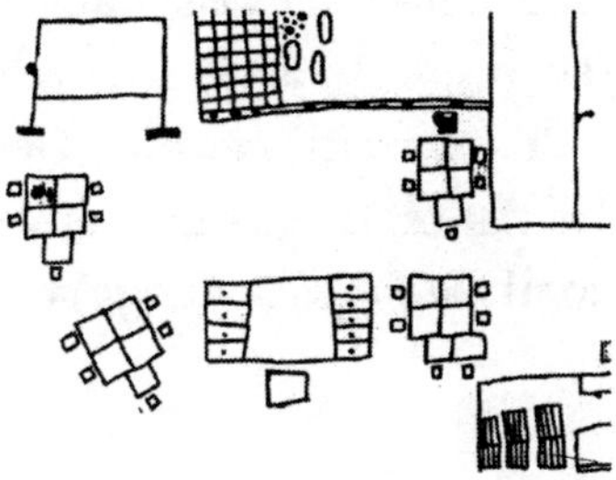

Image 6a. Représentation détaillée de la classe. Dessin d'élève d'une école active.

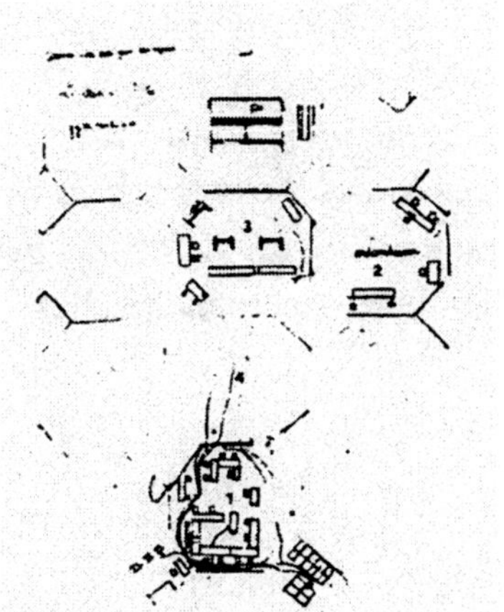

Image 6b. Espace «vide» dans le dessin d'une classe ouverte (à plusieurs noyaux, école active).

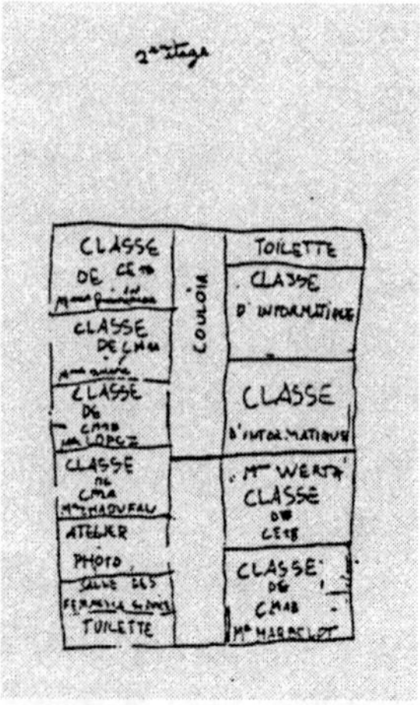

Image 6c. Représentation détaillée du plan de l'école. L'espace représenté s'identifie au réseau des activités scolaires de l'enfant (école active).

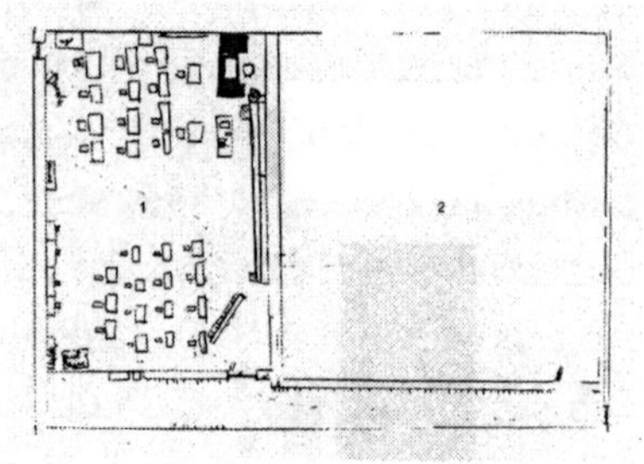

Image 6d. Dessin de l'école qui s'identifie à la classe de l'élève où se déroulent ses activités scolaires (école de pédagogie formelle).

Ces préoccupations théoriques et les applications expérimentales sont représentées dans la deuxième partie de cette étude. Dans le chapitre suivant de la première partie, nous traiterons d'autres études que nous avons effectuées au cours de cette première étape de notre travail dans le cadre de l'interactionnisme. Des découpages du tissu urbain comme les trajets, les quartiers et les limites entre espace privé - public (domicile - espace public) ont été l'objet de ces recherches.

Chapitre 5

La représentation d'un trajet familier

Le trajet domicile - école

Le chemin qui conduit du domicile à l'école est peut-être le trajet le plus «familier» pour l'enfant de 11-12 ans. L'école publique primaire se trouve à une distance du domicile inférieure à 500 mètres, dans les limites du «quartier», conformément au code urbain. Les enfants qui vont à l'école publique accomplissent le trajet qui relie l'école à leur domicile à pied, sans être accompagnés par un adulte. L'enfant, seul ou avec ses camarades, se déplace dans l'espace public, et l'expérimente à de multiples niveaux - sensibles, symboliques, sociaux - presque quotidiennement. Considérant que ce trajet est un des plus importants champs des expériences quotidiennes de l'enfant, il a attiré notre intérêt comme élément à fonctions multiples: comme espace social et comme espace bâti possédant des éléments morphologiques et plastiques, comme environnement présentant des qualités multisensorielles et des valeurs individuelles et collectives.

Ce trajet en tant que parcours linéaire qui conserve tantôt sa direction initiale et en est tantôt détourné, est composé d'une ou plusieurs rues, de carrefours et parfois d'étendues en plein air (parcs, places). La rue constitue un élément dominant, surtout dans le cas de la Grèce où le manque de parcs urbains et de places publiques est un des problèmes majeurs des villes contemporaines. Nous devons nous demander si la rue de la ville contemporaine diffère de celle de la ville d'autrefois et si elle continue à être reconnue par le piéton comme un environnement dans lequel se déroule une partie de sa vie publique. Si la réponse est positive, quelles pourraient être les conséquences sur la relation que l'individu développe avec l'environnement proche ou plus éloigné de son domicile?

Approches et évolution de la notion de rue

La définition donnée par les urbanistes est différente de celle fournie par les architectes, les sociologues et les psychologues de l'environnement. Pour les urbanistes, la rue est surtout en rapport avec l'intensité de la circulation et selon ce critère, on distingue des artères principales, secondaires, des boulevards et enfin, des rues locales. Les urbanistes s'intéressent à la façon dont les utilisations du sol sont mises en relation (le réseau des déplacements qui les relie), aux causes et aux tendances des déplacements, aux trajets possibles des individus et au moyen de transport qu'ils utilisent.[63]

Pour les architectes, la rue n'est pas simplement un niveau horizontal ou incliné pour le mouvement de l'homme.[64] Elle comprend, parmi ses éléments, les plans verticaux des façades des bâtiments qui se développent sur toute sa longueur et pour

---

[63] Voir Aravantinos, A. (1984), *Planification urbaine. Questions théoriques et pratiques*, Athènes: Ecole Nationale Polytechnique d'Athènes. Voir aussi Karadimou–Gerolybou A, Kafkoula-Vlachou, K. (1981), *Intervention urbaine dans les zones d'habitation. Eléments pour l'élaboration du projet.* Thessalonique: Ecole Polytechnique, Université Aristote.

[64] Dans cette direction voir Krier, R. (1980), *L'Espace de la ville. Théorie et pratique*, Bruxelles: Archives d'Architecture Moderne. Voir aussi, Panerai, Ph., Depaule, J., Demorgon M., Veyrenche, M. (1980), *Eléments d'analyse urbaine*, Bruxelles: Archives d'Architecture Moderne, et Rossi, A. (1981), *L'Architecture de la ville*, Paris: L'équerre.

certains architectes, le ciel également, qui vient «couvrir» sa forme longitudinale. Les architectes travaillent sur une échelle de l'espace différente de celle des urbanistes, ils examinent la largeur de la rue par rapport à sa limite-front, considérant que ce rapport est un élément qui influence son caractère urbain. La forme continue de la limite, ses éventuelles coupures, la hauteur et la morphologie des fronts, la ligne de terminaison des bâtiments, les couleurs et les matériaux participent à l'esthétique de la rue et déterminent ses types variés tout en les reliant avec des découpages du tissu urbain, d'origine et de fonction différentes.

Il y a eu également des époques où les architectes se sont rapprochés de la conception urbanistique de la rue. Pendant la période du modernisme, la rue perd son existence tridimensionnelle et se limite au plan à deux dimensions du mouvement.[65] La problématique sur la morphologie et l'organisation de la rue s'épuise dans une forme à plusieurs niveaux du réseau, qui sépare le mouvement des piétons de celui des véhicules. Cette nouvelle conception de la rue, soutenue par le mouvement moderne, a été la conséquence de ses idées concernant la prépondérance du domicile sur toutes les autres fonctions de la ville, y compris les services du secteur tertiaire. Cette conception s'opposait à celle de la rue couloir de la ville néo-conservatrice créée pendant la première phase de la révolution industrielle. La rue couloir, considérée comme un canal de circulation et en même temps comme un espace de juxtaposition de fronts commerciaux, était un produit de la logique économique qui se fondait sur l'exploitation par tous les moyens du sol à bâtir. Les qualités de la rue et en général de

---

[65] Voir Benevolo, L. (1988), *Histoire de l'architecture moderne*, Paris: Dunod. Voir aussi Lazaridis, P. G. (1980), *Le Développement de la ville moderne – L'image de l'environnement de l'habitation*, Thessalonique: Université Aristote.

l'espace public des périodes précédentes ont disparu à cause de ces critères économiques.

Après l'«échec» du mouvement moderne, les architectes se tournent vers la ville de la période préindustrielle, recherchant en elle les qualités de l'environnement visuel qui contribuent à la création d'une échelle «humaine» et d'un espace familier. A travers l'analyse typologique de ces espaces, Krier[66], par exemple, a tenté de composer la syntaxe et la grammaire des espaces publics de la ville postmoderne. D'autres architectes, influencés par le courant qui considère l'architecture comme science, sensibilisés à la méthodologie et aux conclusions des sciences humaines, s'intéressent aux réactions, comportementales et affectives, de l'usager de l'espace. Lynch[67] sera le premier à s'occuper des qualités subjectives de l'espace architectural, sujet qui se développera plus tard en une nouvelle branche scientifique, la psychologie de l'environnement. La voie, un des cinq éléments qui selon lui composent l'identité de la ville (dans son oeuvre *The Image of the City,* il évoque également les noeuds, les limites et les points de repère), acquiert un sens et un intérêt en participant à la lisibilité de l'espace urbain et à sa clarté selon la qualité de sa direction, son histoire, ses symbolismes et ses fonctions, ses bruits et ses odeurs, la présence humaine, l'organisation morphologique de ses fronts latéraux, la séquence temporelle de ses éléments spatiaux. La «bonne forme» de la ville proposée par Lynch possède ses

---

[66] op. cit.

[67] Lynch, à travers des approches subjectives de la forme de la ville, tant en ce qui concerne ses éléments partiels que ces secteurs plus larges, établit la théorie de la «bonne forme » qui est développée dans son œuvre *The Image of the City* (The M.I.T. Press – Massachusetts, London, 1960). Des éléments de ce livre et d'autres de ses oeuvres sont présentés par Tridib Banerjee et Michael Southworth dans *City Sense and City Design – Writings and Projects of Kevin Lynch* (The M.I.T. Press – Massachusetts, London, 1995).

propres lois, analogues à celles formulées par les psychologues de la Gestalt concernant l'organisation visuelle de la forme[68].

Dans les années 60, les qualités visuelles de l'espace mettent de côté le cadre social de sa production et orientent les analyses de l'espace vers l'idée de la ville décor. Dans certains cas, cette approche, connue sous le nom d'«analyse pittoresque»[69], contribuera à ce que la qualité visuelle de l'environnement soit considérée comme une condition nécessaire et suffisante pour les relations sociales et en général pour les attitudes et les comportements des individus. Malgré ses points faibles, cette analyse a pourtant offert des éléments intéressants pour l'organisation conceptuelle de la ville. Elle est par ailleurs liée non seulement à l'«incapacité» du mouvement moderne de respecter le besoin de la continuité culturelle de l'homme ou à la tendance à considérer l'architecture comme science, mais elle est liée aussi aux changements que les moyens de transport ont apportés dans notre relation à l'espace.

La vitesse influence notre champ visuel et par conséquent le processus global de perception et d'interprétation de l'espace. La technique de la séquence visuelle, qui a été inventée dans le cadre de cette approche, permet l'étude des changements du champ visuel pendant la durée d'un trajet. Cette idée a ses racines dans les débuts de la période moderne et plus précisément dans les premières réactions au courant de la «nouvelle» architecture. Camillo Sitte[70] est reconnu comme l'introducteur de ces méthodes grâce à son étude sur la rue

---

[68] Voir Köhler, W. (1964), *Psychologie de la forme*, Paris: Gallimard. Voir aussi Hamlyn, D.W. (1979), *The Psychology of Perception. A Philosophical Examination of Gestalt Theory and Derivative Theories of Perception*, London: Routledge and Kegan Paul.

[69] Voir Panerai, Ph., Depaule, J., Demorgon, M, Veyrenche, M. (1980), *Eléments d'analyse urbaine*, op. cit.

[70] Sitte, C. (1980), *L'Art de bâtir des villes. L'urbanisme selon ses fondements artistiques*, Paris: L'équerre.

Pierres à Bruges, présentée dans son œuvre *L'Art de bâtir les villes*. Fidèle à cette approche, Ivor De Wolf[71] a étudié des villes de différentes époques (ville baroque, ville haussmannienne, ville industrielle, tissu suburbain), enrichissant ainsi la langue architecturale de nouvelles notions. Les notions qui concernent la rue sont évoquées soit sur un plan général de l'organisation du champ visuel (symétrie/dissymétrie, définition latérale/définition centrale, ouverture/fermeture, convexité/ concavité), soit sur des plans plus spécifiques d'organisation comme celui de la détermination des fronts latéraux, de leur rôle dans la formation du poids visuel au point de convergence des fronts et au-delà de celui-ci, plus généralement, de la forme de la profondeur optique.

D'autres chercheurs vont être ultérieurement influencés par l'approche poétique et psychanalytique de Bachelard ou par les approches phénoménologiques de Heidegger et de Merleau-Ponty: ils décriront la rue comme le cadre matériel des expériences quotidiennes de l'homme. Les qualités de la rue vont être recherchées parmi les significations dont elle est investie à travers les vécus des hommes qui s'y déplacent et à travers les mémoires collectives cristallisées sur ses tracés, ses fronts et ses objets.

Dans cette optique, certains savants cherchent à déterminer la valeur affective de la rue[72], en utilisant de l'adjectif comme gai, triste, plaisant, déplaisant, indifférente, stimulante, froide, dynamique, nostalgique. Tout comme Kandinsky[73] parlait de

---

71 De Wolf, I. (1963), *The Italian Townscape*, London: The Architectural Press.

72 Honnorat, A., Sansot, P. (1998), «Qu'est-ce qu'une rue gaie?» in *L'esthétique de la rue*, Actes du Colloque d'Amiens, Paris: L'Harmattan, pp. 129-34.

73 Kandinsky, W. (1926), "Point and Line to Plane" in K.C. Lindsay, P. Vergo, Kandinsky-*Complete Writings on Art*, New York: Da Capo Press. En ce qui concerne l'espace architectural voir aussi Bernard, Y., Gottesdiener, H., Herrou, M. (1979), «Les espaces architecturaux» in Francès, R. (ed.), *Psychologie de l'art et de l'esthétique*, Paris: Presses Universitaires de France,

lignes qui provoquent excitation, optimisme, pessimisme, tristesse, joie et de nombreuses autres réactions émotionnelles selon leur direction, leur position dans l'espace, la forme et l'intensité de leur écriture, leur relation avec les éléments environnants et le fond, ainsi ceux qui étudient la rue recensent-ils ses différentes catégories en ayant comme critère sa valeur affective. Annie Honnorat et Pierre Sansot mentionnent qu'«il existe des rues gaies et d'autres qui ne le sont pas. Cette prétendue évidence mérite d'être nuancée. Parfois c'est la ville tout entière qui illumine de cet attribut toutes les rues sans qu'on puisse expressément le découvrir dans certaines d'entre elles. La ville, c'est-à-dire une certaine légèreté dans l'architecture qui n'exclut pas la gravité, le caractère avenant des personnes rencontrées, la grâce de leurs visages, des coloris surprenants et qui jamais n'agressent le regard, le délié des gestes, les pirouettes des boutiques, la prestance des commerçants, la finesse dans les nervures du bâti, la netteté dans l'ensemble du dessin»[74]. Le comportement des personnes, les qualités sensibles de l'environnement, la forme même de l'espace bâti contribuent à la formation de l'image d'une rue «gaie». Comme par ailleurs d'autres paramètres, plus contingents: «la clémence du ciel, un air impondérable en ce jour-là et les jardins se font plus ombreux, les jeunes gens plus juvéniles,... les autobus moins pesants. Certaines rues deviennent des allées fleuries, sur les terrasses s'élancent des arbres ... Les enfants d'une école primaire s'ébrouent à la sortie de l'école, se poursuivent, crient sans raison, zigzaguent au milieu des trottoirs qui perdent leur rectitude...»[75]. La ville, selon cette approche, se compose de rues différentes en fonction de leur charge émotionnelle. Cette variété et la diversité des

pp. 195-234.

[74] Honnorat, A., Sansot, P. (1998) op.cit., p. 130.

[75] op. cit. p. 131.

significations forment l'identité de la ville (avec la contribution de ses autres éléments structurels). La rue, avec ses qualités affectives, mine l'homogénéité de l'espace urbain. Cet élément linéaire du tissu urbain acquiert une singularité et est plus facilement reconnaissable parmi le grand nombre des éléments qui composent la ville.

Des études d'orientation sociologique examinent la rue comme le cadre matériel des activités et des interactions[76]. Le caractère et l'ambiance de la rue dépendent des façons d'utiliser l'espace. Même si le rôle de la morphologie de l'espace dans le fonctionnement de l'activité sociale est mentionné, il n'est pas reconnu comme outil d'analyse des qualités de la rue. Des notions spatiales sont principalement retenues pour la référence à l'utilisation de l'espace (par exemple, la grande largeur des trottoirs permet le fonctionnement des cafés et des restaurants qui rassemblent un grand nombre d'individus et qui vont déterminer l'ambiance de la rue). La présence de l'homme va se mettre en rapport avec une échelle spatiotemporelle qui va organiser les changements dans les utilisations et dans la composition sociale de ceux qui fréquentent la rue.

La rue comme espace social et bâti a constitué le sujet d'étude de différents cadres scientifiques. La variété des approches a révélé un grand nombre de notions descriptives ou/et interprétatives qui composent son image d'une manière conventionnelle ou conflictuelle. L'espace et ses éléments contradictoires (public et privé, mouvement et arrêt, ancien et nouveau, permanent et éphémère) demandent aujourd'hui à être de nouveau déterminés à cause de la mondialisation de l'économie et du développement des nouvelles technologies dans les domaines de l'électronique et de la communication.

---

[76] Œuvre collective (1997), *Les Langages de la rue*, Espaces et Sociétés, vol. 90/91. Paris: L'Harmattan. Voir aussi, Carmona, M., Heath, T., Oc, T., Tiesdell, S. (2003), *Public Places - Urban Spaces. The Dimensions of Urban Design*, London: Architectural Press.

Nous avons analysé les conséquences de ces nouvelles conditions dans le premier chapitre de la présente étude. Les questions que nous avons posées concernant la restructuration de l'espace public sont à présent restreintes à l'échelle de la rue: dans quelle mesure la rue de la ville contemporaine, élément de son espace d'usage collectif, se transforme-t-elle, change-t-elle son identité, marque-t-elle son rôle dans la vie publique de l'homme contemporain?

Les enfants et la rue: questions pour une recherche

Autrefois, la rue monopolisait les expériences éducatives de l'enfant. Espace d'échanges sociaux et d'éducation dans les ateliers des artisans qui fonctionnaient tout au long de ses fronts, elle offrait aux enfants, en même temps que leur domicile, des stimuli pour leur développement et leur intégration à l'environnement. Il n'existait pas d'espaces propres à l'enfant. L'enfant vivait et circulait parmi les adultes, il ne se distinguait pas d'eux en ce qui concernait ses caractéristiques intellectuelles et sociales, et par conséquent son mode de vie[77]. Des espaces spécifiques pour les activités des enfants, comme les écoles et les aires de jeu, ont été créés ultérieurement.

La révolution industrielle et les changements qu'elle a apportés dans les conditions économiques et sociales ainsi que le développement des sciences changeront radicalement la vie de l'enfant. L'approche psychologique au développement récent modifiera par ses expériences la conception de la nature de l'enfant, même si cette nouvelle approche se trouve déjà en

---

[77] Ariès, Ph. (1973), *L'Enfant et vie familiale sous l'Ancien Régime*, Paris: Seuil. Voir aussi Tsoukala, K. (1995), «La ville en tant qu'environnement d'expériences pour l'enfant», in *Architecture et Comportement*, vol. 10, n° 4 (Numéro spécial: la ville et l'enfant), pp. 61-65.

germe chez Rousseau. Le développement mental, social et affectif progressif de l'individu introduit une distinction entre deux populations, celle des enfants et celle des adultes. Une conséquence de cette différence «structurelle» entre elles est la séparation de leurs activités et par conséquent des espaces de leur développement. La psychologie et la médecine détourneront la pensée des pédagogues du monde de la philosophie et l'orienteront vers des considérations et opinions scientifiques concernant l'éducation et l'apprentissage. La psychopédagogie témoigne de ce déplacement de la pédagogie vers le savoir.

La délimitation des âges du développement de l'homme, et parallèlement, l'exigence que les conditions économiques de l'époque industrielle ont d'un potentiel ouvrier «qualifié» ainsi que le cadre politique et idéologique de la classe bourgeoise montante introduiront dans la réalité de l'espace bâti de nouvelles catégories d'utilisation, de forme, d'aménagement et de symbolisme. Le bâtiment scolaire avec comme élément structurel principal la «salle de classe» constitue à cette époque l'indice le plus significatif des changements radicaux qui ont eu lieu dans la façon d'envisager l'enfant comme catégorie particulière de la population[78]. L'enfant s'éloigne de la rue et de la société des adultes.

Plus tard, l'intervention d'autres facteurs, comme l'automobile qui revendique la place principale dans le réseau routier de la ville, va détériorer la relation du «jeune» individu avec cet espace public. La pensée sociologique cependant continue à se préoccuper jusqu'à nos jours des conséquences que la perte du caractère social de la rue va avoir sur les processus d'équilibre et d'intégration environnementale de l'enfant. Plus spécialement, la rue «antichambre» de son

---

[78] Ces questions sont développées dans: Tsoukala, K. (1998), *Tendances de l'architecture scolaire. De la fonctionnalité pédocentrique à l'approche post-moderne*, Thessalonique: Paratiritis.

domicile, la rue «familière» du «quartier», est considérée comme lieu des rencontres et des expériences quotidiennes, comme champ d'éducation et d'apprentissage. Les chercheurs qui sont sensibilisés à la vie de l'enfant ne quittent pas l'idée d'une relation duale essentielle enfant - rue. Continuateur des idées de Piaget, de Werner et Bruner, de Siegel et White[79], Gary Moore introduira dans ses textes relativement récents la notion d'«environnement de jeu»[80]. Selon ce dernier, le plan des mouvements de l'homme accueille aussi, avec une organisation et un équipement appropriés, d'autres activités de plein air, des activités de loisir et d'éducation, pour enfants et adultes. Des trajets aires de jeu et des trajets parcs s'articuleront en réseaux qui comprendront dans leurs éléments nodaux intermédiaires des étendues pour des activités analogues échelonnant leur importance et leur contenu selon leur position dans le tissu urbain. Il s'agit d'une proposition peut-être utopique à une époque où le public se privatise et où les activités de plein air se rassemblent dans des espaces «spécifiques», se couvrent d'enveloppes «intelligentes» qui reproduisent dans un environnement fermé les qualités de l'espace ouvert, réglant dans le même temps la tendance à consommer de l'homme[81].

---

[79] Ces théories sont développées dans: Piaget, J. (1947), *La Représentation de l'espace chez l'enfant*, Paris, P.U.F.; Werner, H. (1957), "The concept of development from a comparative and organismic point of view" in D.B. Harris (ed.), *The Concept of Development*, Mineapolis: University of Minnesota Press, p. 125-48; Siegel, A., White, Sh. (1975), "The development of spatial representation of large–scale environments" in W. Reese (ed.), *Advances in Child Development and Behavior*, New York: Academic Press. Voir aussi Tsoukala, K. (1992), «Psychologie et espace» in *Ta Ekpedeftika*, n° 27-28, pp. 102-112.

[80] Moore, G. et al. (1994), *Recommendations for child play areas*, Milwaukee: University of Wisconsin, Center for Architectural and Urban Planning Research.

[81] Sze Tsung, L. (2001), "...And then there was shopping" in R. Koolhaas and al. (eds), *The Harvard Design School Guide to Shopping*, New York: Taschen, pp. 129-56. Voir aussi P. Mantzou (2003), "The mall as a model of public space" in Proceedings of The Conference *Transformations of the Greek*

Malgré les changements que nous observons aujourd'hui dans les espaces publics de la ville, la rue, comme par ailleurs les espaces libres (ceux qui n'ont pas été dessinés pour l'enfant et ne proposent pas d'utilisation précise à leurs visiteurs) semblent pourtant attirer l'intérêt des jeunes individus et occuper la première place dans leurs préférences pour le jeu[82]. La complexité sociospatiale de la rue, le sentiment de déplacement d'un «ici» vers un «là-bas», du «moi» vers «autrui», au moyen d'un itinéraire qui tend continuellement à évoluer, réconciliant le réel et l'imaginaire, ainsi que la «simplicité» d'un espace libre, sans utilisation programmée, prêt à «être activé» et participant comme objet (et non comme fondement matériel) à l'action de l'enfant, constituent les critères selon lesquels ces espaces vont être évalués positivement et préférés par les enfants.

Considérant nous aussi que le trajet du domicile à l'école constitue avec les éléments du point de départ (domicile) et de la destination (école) une unité d'espace-temps ayant un poids particulier pour les fonctions sociales et pour le développement de la vie de l'enfant, nous avons tenté de rechercher les qualités que ce trajet possède à l'époque contemporaine, ses nouvelles caractéristiques éventuelles, celles auxquelles il a renoncé sous la pression de nouvelles conditions, les changements dans son «comportement» en tant qu'élément de la ville.[83]

City, Athens et Tsoukala, K., Daniil, M. (2003), "From place to non-place: The new structure of public space in Greek city" in Proceedings of the Conference *Transformations of the Greek City*, Athens.

[82] Tsoukala, K. (1995), «Enfant et espace urbain», op. cit; Voir aussi Tsoukala, K. (1996), "Child and Outdoor Environment: An Ecological Approach to Play Activities", Communication présentée à la 14ème Conférence Internationale de l' IAPS, Stockholm.

[83] Tsoukala, K. et al. (1993), "Children's mental metamorphosis of a familiar route", in A. Mazis, K. Karaletsou (eds), *Environmental Metamorphoses: Builtscape, Landscape, Ethnoscape, Euroscape*, Actes du Congrès International de l'IAPS 12, Thessalonique: Art of Text, pp.359-66.

Trajet familier et trajet distancié

Ayant comme lieu de recherche Thessalonique et comme population 59 enfants, nous avons rassemblé nos données à travers des entretiens et des cartes mentales. Les 59 enfants de l'échantillon, âgés de 11-12 ans, de sexe différent, sont issus des zones centrales (28 enfants) et périphériques (31 enfants) de la ville: de zones qui favorisent les activités dans le «quartier» et de zones qui, par leurs caractéristiques, ne sont pas favorables au jeu dans un espace public ouvert (circulation accrue sur le réseau routier, constructions serrées, absence de contacts sociaux). Un autre critère de sélection des enfants de l'échantillon a été la distance géographique de leur domicile à leur école. Dans le cas d'une courte distance (déplacement à pied, 35 enfants sur 59), l'école appartient à la zone d'habitation de l'enfant, c'est-à-dire que le trajet qui y mène s'inscrit sur toute sa longueur dans un espace familier. Au contraire, dans le cas d'une longue distance (déplacement en voiture, 24 enfants sur 59), une partie du trajet appartient à un espace non familier. Si dans le cas du déplacement de l'enfant à pied, le caractère «familier» du trajet est dû à l'espace vécu comme champ matériel de l'action de l'enfant (son «quartier») et au temps (mouvement réitéré tous les jours), dans le deuxième cas, celui du déplacement en voiture, ce caractère est principalement dû au temps (ici le rôle de l'espace se limite surtout aux stimuli visuels que l'enfant reçoit en tant que passager du véhicule). Dans le premier cas, le déplacement de l'enfant lui-même participe à l'organisation perceptive du milieu d'une façon différente de celle de son déplacement indirect au moyen d'un véhicule.

Conformément aux critères ci-dessus, nous avons classé les 59 enfants de l'échantillon en trois catégories. À la première appartiennent 19 enfants qui proviennent de zones de «milieu amical» (de zones qui favorisent les activités dans le quartier) et qui fréquentent l'école de leur zone d'habitation (déplacement à pied). À la deuxième appartiennent 16 enfants qui proviennent de zones de «milieu non amical» (de zones qui, par leurs caractéristiques, ne sont pas favorables au jeu dans le quartier) et qui fréquentent l'école de leur «quartier» (déplacement à pied); à la troisième catégorie enfin appartiennent 24 enfants qui parcourent la distance de leur domicile à leur école en voiture, en raison de leur éloignement géographique.

Pour tous les cas cités ci-dessus, à travers l'analyse des cartes cognitives, sont attestés trois types de trajet: le type axial où le niveau de déplacement, avec ou sans les points de départ et d'arrivée, avec ou sans les fronts des rues, monopolise l'image du «trajet», fidèle à l'expérience physique sensori-motrice de l'enfant. Le type spatial (interconnecté) où le «trajet» est compris dans un secteur plus vaste de l'espace urbain. Dans ce deuxième cas, la représentation va dépasser les schémas perceptifs qui sont liés au trajet de l'enfant, en intégrant la connaissance plus générale qu'il a de la zone qu´il traverse. Et le type mixte qui combine les deux précédents. Ces trois types, comme nous l'avons déjà mentionné, se modifient selon les caractéristiques particulières des enfants et de l'espace.

Le premier type, le type axial (image 7), se présente sous de nombreuses versions (37 enfants sur 59, dont 16 se déplacent à pied et 21 en voiture). Sur le critère de la richesse des codes, nous distinguons ici aussi les représentations qui possèdent un degré élevé d'abstraction (dans certains cas, le dessin comprendra dans sa représentation minimaliste un point de départ -le domicile- et d'arrivée -l'école- du trajet de l'enfant) et celles qui lésinent moins sur l'apport de renseignements concernant l'identité du trajet. Sur le critère de l'unité de l'axe représenté, nous distinguons le type continu et fragmenté. Dans ce deuxième cas, on observe des «lacunes» le long du trajet: ce n'est pas seulement l'absence d'éléments qui est ici déclarée, mais le flux même du mouvement qui est senti comme interrompu.

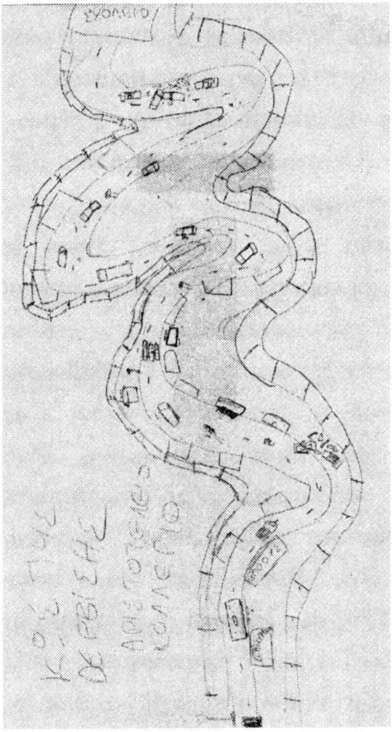

Image 7. La représentation d'un trajet. Type *axial*.Trajet réalisé en voiture.

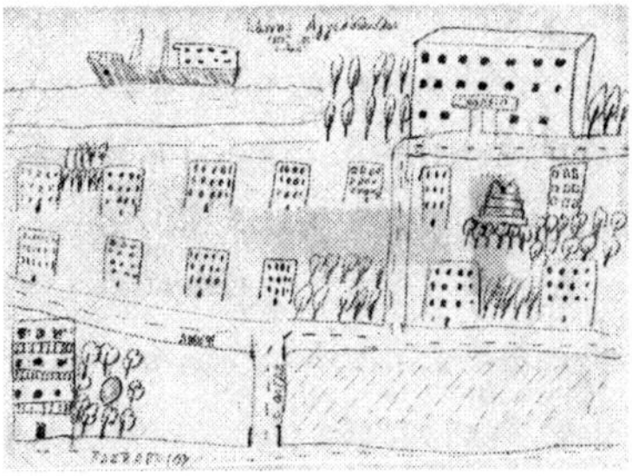

Image 8. La représentation d'un trajet. Type *spatial*. Trajet réalisé à pied.

Le type fragmenté est observé dans la catégorie des enfants qui se déplacent en bus et parcourent de longues distances (5 enfants sur 24, c'est-à-dire 21% des enfants). La longueur de la distance, renforcée par un contact indirect avec l'espace - au moyen du bus - prédomine sur le temps, c'est-à-dire sur la relation visuelle quotidienne qui lie l'enfant à ce découpage spatial de la ville. La même catégorie d'enfants fournira une autre différence significative dans ses représentations du trajet. Sur certains dessins, on observe une convergence entre l'espace réel et l'espace représenté en ce qui concerne la direction du trajet (8 enfants sur 21, c'est-à-dire 38% environ des enfants).

Sur d'autres, on constate des traits «fortuits» qui ne traduisent pas tant la réalité que le «sentiment général» d'un changement de direction du corps (16 enfants sur 24, c'est-à-dire 67% des enfants). La première approche, plus réaliste, et la seconde, plus empirique, rappelleront le rôle des critères psychomoteurs (de la personnalité de l'individu) dans la construction de l'espace subjectif. Ce rôle est renforcé par des conditions appropriées qui, dans ce dernier cas, sont la longueur de la distance et le déplacement du corps au moyen d'un véhicule. Nous le mentionnons car le type d'enfant qui représente l'espace à travers son vécu est réduit à un moindre pourcentage dans le cas d'un déplacement à pied: la faible distance parcourue par l'enfant pour se rendre de son domicile à l'école et son contact direct avec l'environnement ne permettent pas alors l'expression d'un comportement de type «vécu». Le «sentiment» d'un changement de direction du corps coïncide pour ces enfants avec l'évolution du trajet réel pour la quasi-totalité d'entre eux. Dans cette catégorie (déplacement à pied), 47% des enfants représenteront le trajet en donnant un nombre satisfaisant d'informations sur la zone concernée (éléments qui sont liés à l'activité sociale et pratique de l'enfant), tandis que le pourcentage qui reste choisira le type abstrait de représentation. Ce phénomène est directement lié aux caractéristiques sociogéographiques de la zone d'habitation de l'enfant, qui influencent son activité dans l'espace public. Dans les zones périphériques où sont conservées jusqu'à nos jours certaines qualités du quartier, on observe un contact plus important de l'enfant avec l'espace public qui est également représenté d'une manière détaillée et non abstraite.

Le type spatial (19 enfants qui se déplacent à pied) donnera tantôt des précisions sur son identité, tantôt nous renseignera de façon plus abstraite sur les seules limites des blocs construits (image 8). Parmi ces enfants, 58% proviennent de zones de milieu amical (de zones qui favorisent les activités dans le quartier) et représentent une grande variété d'éléments spatiaux, liés surtout à leur activité pratique et sociale. Le reste, appartenant à des zones de milieu non amical (de zones qui, par leurs caractéristiques, ne sont pas favorables au jeu dans le quartier), dessinent, au contraire, avec un degré élevé d'abstraction.

Le type mixte (3 enfants) est dessiné par les enfants qui se déplacent en voiture. La partie du trajet qui appartient à la zone de leur domicile est représentée selon le type spatial et le reste du trajet selon le type axial. Dans la seconde partie du trajet, les éléments représentés sont de caractère «général» (immeubles, arbres, voitures) alors que dans la première partie du trajet, ils sont de caractère plus précis (bâtiments publics, parcs, aires de jeux, magasins). Les éléments qui apparaissent le plus fréquemment dans les représentations du trajet, même dans sa partie «non familière», sont les arrêts d'autobus, c'est-à-dire des éléments utilisés par les usagers de ce moyen de transport.

L'analyse des données de notre recherche renseigne sur les processus mentaux de construction de l'image de l'espace et vérifie nos hypothèses de départ sur le rôle que joue l'activité sociale et pratique de l'enfant dans ces processus. Elle nous informe en même temps sur la fonction de la rue de la ville contemporaine et sur sa contribution à la vie sociale de l'enfant. Même le trajet quotidien qui relie le domicile à l'école, inséré dans un espace désormais dépourvu, pour la plupart des zones urbaines, des qualités du «quartier», est lié principalement à l'enfant à travers les qualités de sa direction. Bien que l'automobile affirme progressivement sa suprématie, des avenues aux rues locales, la rue - couloir lui reste fidèle, méprisant les droits du piéton, habitant de l'espace urbain. L'enfant est de plus en plus confiné à la maison et dans des espaces spécifiques à ses activités; il acquiert une image fragmentée de son environnement, éclats des vécus et des expériences au sein des nouvelles conditions spatiotemporelles de la période postmoderne.

Chapitre 6

Qualités psychosociologiques du «quartier»

Le «quartier», espace proche

Nous avons envisagé le quartier qui, du moins jusqu'à récemment, revendiquait une place importante non seulement dans les échanges de la vie de tous les jours, mais aussi dans le discours de l'urbanisme et de la sociologie urbaine, en tant qu'échelle d'espace qui favorise la création d'une certaine familiarité et de références affectives. Considérant le quartier comme une notion et une réalité directement liées aux conditions sociales qui forment et organisent la ville, nous avons tenté de rechercher s'il continue à survivre dans les conditions économiques et sociales contemporaines et d'analyser les formes qu'il prend en fonctionnant comme élément de l'organisme urbain.

L'évolution diachronique du «quartier»

Le quartier, produit des conjonctures historiques, a été identifié par certains urbanistes et sociologues à cette taille de la ville et à cette structure économique, sociale et culturelle qui permettaient la coïncidence de l'espace social et géographique. Autrefois, et plus précisément pendant le Moyen Age occidental, le regroupement de la population autour de l'église paroissiale, ou autour d'un centre social pendant la période byzantine et post byzantine, constituait une unité auto administrée au sein de la ville[84]. Pour se référer à l'espace balkanique, le quartier et la paroisse étaient des regroupements d'un nombre relativement peu élevé de foyers qui présentaient une homogénéité relative tant dans leurs caractéristiques ethniques et religieuses que dans leur origine. De cette façon, il y avait possibilité de relations personnelles directes des habitants entre eux, renforcées par des intérêts et un sort communs.[85] Le développement de la ville à l'époque de la modernité,[86] produit d'une réalité économique et d'une structure spatiotemporelle différentes, modifie les données du quartier. Dans le cas de la Grèce[87], l'exode rural vers les grands centres urbains ainsi que les interventions dans les tissus urbains dues à la création de nouveaux axes routiers ont bouleversé les structures sociales et spatiales traditionnelles des quartiers, rendant leurs limites et leurs caractéristiques indiscernables. La dissociation du lieu de résidence et du lieu de travail a diminué les possibilités de création de centres d'intérêt communs culturels et économiques dans ces parties de la ville. Déjà, dès l'époque de la modernité, le lieu commun de résidence tend à être la principale caractéristique commune aux habitants d'un «quartier», et sa contribution à la communication au sein du

---

[84] Voir Aravantinos, A.I. (1984), *Planification urbaine. Sujets de théorie et de pratique.* Athènes: Ecole Polytechnique.

[85] op. cit. pp. 391-92.

[86] Pour des questions plus générales sur l'organisation de la ville à l'époque de la modernité voir Benevolo, L. (1997), *La Ville en Europe.* Athènes: Lettres Grecques et Muford, L. (1961), *La Cité à travers l'histoire,* Paris: Seuil. Voir également dans le même esprit Joly, R. (1985), *La Ville et la civilisation urbaine.* Paris: Éditions Sociales et Dimitriadis, E. (1987), *Histoire de la ville et de l'urbanisme. Des débuts de la ville à l'apparition de l'urbanisme contemporain,* Thessalonique: Paratiritis.

[87] En ce qui concerne l'espace grec plus précisément, voir Sarigiannis, G. M. (1987), *Introduction à l'histoire et à la théorie de la ville,* Athènes et Nikolaïdou, S. X. (1984), *Introduction à la sociologie de l'espace,* Athènes.

quartier est de plus en plus dévalorisée au cours de la période postmoderne, à cause de la mobilité géographique sans cesse accrue et du modèle individualiste d'organisation de la vie[88]. En 1987, Rivlin évoquait les conséquences des nouvelles formes d'organisation sociale et spatiale sur la qualité subjective du quartier: «one generalisation frequently made is that contemporary life has turned inward, inside the home, with families in neighborhoods less dependent upon each other for social contacts and entertainment. At the same time life is turned outward, moved by media and public and private transportation to geographies that reach far beyond the neighbourhood boundaries. This interesting duality of inward and outward propulsion describes much of the middle-class life-style today»[89].

C'est justement cette désorganisation des structures traditionnelles de la ville - plus importante dans les pays industriels développés - qui a soulevé le débat sur les questions de la cohésion du tissu urbain. Pendant longtemps, cette dernière a été recherchée dans des formes nouvelles d'unités de logement. De cette problématique ont surgi les termes *neighborhood unit, unité de voisinage* et *nachbarschaftseinheit*[90]. Il s'agit d'unités

---

[88] En ce qui concerne l'organisation et la structure de la ville contemporaine dans le cadre de l'économie mondialisée, les changements démographiques et la composition socioculturelle de sa population, l'influence des nouvelles technologies dans la production de son espace, voir Burgel, G. (2003), *Histoire de l'Europe urbaine. La ville contemporaine da la Seconde Guerre mondiale à nos jours,* Livre 6 (sous la direction de Jean-Luc Pinol), Paris: Seuil. Voir aussi Chombart de Lauwe, P.H. (1982), *La Fin des villes,* Paris: Calmann-Lévy; Remy, J. (1992), *La Ville: vers une nouvelle définition,* Paris: l'Harmattan; Savitch, H.V. (1996), *Post-industrial cities,* Princeton; Castells, M. (1989), *The Informational city,* Oxford: Blackwell; Dupuy, G (1995), *Les Territoires de l'automobile*, Paris: Anthropos.

[89] Voir Rivlin, L.G. (1987), "The Neighbourhood, Personal Identity, and Group Affiliations" in I. Altman, A. Wandersman, *Neighbourhood and Community Environments,* pp. 1-33, série Human Behavior and Environment – Advances in Theory and Research, vol. 9. N. York/London: Plenum Press.

[90] L'idée de voisinage apparaît sous une forme embryonnaire dans l'œuvre

spatiales et d'ensembles qui offrent à leurs habitants les fonctions et les services qui leur sont indispensables dans leur vie quotidienne. Dans les propositions initiales de Perry[91] par exemple, l'école primaire, le commerce de dimension locale, les espaces verts et un environnement approprié à l'habitation ont constitué les exigences principales de la satisfaction des besoins de la population. Le quartier apparaît comme un ensemble de fonctions qui sont déterminées selon les besoins élémentaires de la population et qui sont en rapport avec la totalité des fonctions urbaines[92]. Il s'agit d'une approche fonctionnaliste qui ne prend pas en compte les caractéristiques socioculturelles des habitants de l'unité d'habitation. La critique exercée à l'encontre de cette

---

d'Ebenezer Howard, *Garden Cities of To-Morrow*. Le terme est introduit dans la théorie de l'urbanisme par Clarence Perry et Clarence Stein. Pour le premier, les principes fondamentaux d'organisation du quartier sont sa taille, sa délimitation claire, ses services à usage collectif et son réseau routier particulier. Pour le second, le réseau routier acquiert un rôle particulièrement important dans le fonctionnement du quartier et doit servir équitablement piéton et automobile. C'est Stein qui a conçu le «principe de distinction des mouvements des piétons et des automobiles». Il a proposé le développement d'un réseau de rues piétonnes qui traversent le «quartier» et qui conduisent les piétons à travers des espaces verts à l'école ou vers les magasins en toute sécurité. Il propose parallèlement l'organisation des voies routières en voies principales qui relient le «quartier» avec d'autres zones et débouchent sur des ronds-points locaux et des voies secondaires, de desserte locale, qui conduisent aux habitations sous formes d'impasses. Voir Karadimou-Gerolybou, A. et Kafkoula-Vlachou, K. (1973), *Intervention urbaniste dans une zone d'habitation. Eléments pour l'élaboration du projet,* Thessalonique: Université Aristote. Voir aussi Aravantinos, A.I. (1984), *Planification urbaine. Questions de théorie et de pratique*, Athènes: Ecole Polytechnique Nationale Metsovio.

91 Voir Perry, C.A. (1929), "The Neighbourhood Unit" in *Neighbourhood and Community Planning,* New York: Regional Plan of New York.

92 Nous considérons comme utile d'évoquer la tendance à l'intégration de l'habitation et des services fondamentaux dans une synthèse architecturale unifiée. La proposition de Le Corbusier pour une «unité d'habitation de grandeur conforme» en est un exemple modèle. Sa première application a été réalisée à Marseille. Le bâtiment abrite 1600 habitants. Les espaces à usage commercial se trouvent à peu près au milieu de la hauteur du bâtiment et tous les services destinés aux loisirs, en terrasse. Voir Lazaridis, P. (1980), *L'Évolution de la ville moderne – l'image de l'environnement de l'habitation,* Thessalonique: Paratiritis.

approche concernait initialement surtout la répétition monotone des modèles d'habitation alors que plus tard, cette appréciation négative a compris également l'absence des paramètres sociaux du quartier. Par suite, dans les premières réactions au modèle de Perry sont comprises les propositions alternatives concernant la disposition des unités d'habitation, l'organisation des axes de circulation et l'aménagement des fonctions de portée locale. Le terme de «cités-dortoirs» traduit avec justesse l'échec de ces unités spatiales à contribuer au développement de la vie sociale, des liens et des contacts de leurs habitants[93].

Ces objections sont exprimées par Ruth Glass[94] qui a écrit en 1946 à propos du quartier que ce terme était souvent utilisé pour décrire une unité distincte dans l'espace, qui se différencie autant par les caractéristiques physiques spécifiques à la zone concernée que par les caractéristiques sociales propres à ses habitants. Le terme fait aussi référence au groupe social qui dispose des critères de voisinage. Dans ce deuxième cas, Glass précise que les membres du groupe se rencontrent à l'intérieur de cette zone, avec des objectifs communs et pour remplir des fonctions sociales fondamentales qui peuvent être accomplies soit régulièrement et de façon organisée, soit sporadiquement. Ce point de vue qui exprime le besoin d'attachement de l'homme à son environnement s'inscrit dans une tendance plus large qui s'élabore à la même époque que l'approche fonctionnaliste. Il s'agit de l'optique qui considère le quartier comme une unité de vie communautaire où l'élément social, l'élément politique et l'élément physique s'articulent et

---

93 Voir Aravantinos, A.I. (1984), op. cit. Plus particulièrement en ce qui concerne les nouvelles unités d'habitation en France, voir Stathakopoulos, P. (1982), *Villes nouvelles. Construction organisée en France*, Athènes: Karagouni. Sur les villes en Angleterre, voir Lazaridis, P. (édit.), *Villes nouvelles et habitation. Le cas de l'Angleterre,* Thessalonique: Paratiritis.

94 Glass, R.(1946), *Middlesbrough Survey and Plan, The Middlesbrough Corporation* (cité par A. Aravantinos dans *Planification urbaine*, op. cit.)

composent un ensemble; cette optique a été mise en question par l'argumentation suivante:

- L'existence de la communauté ne présuppose pas nécessairement la relation de ses membres avec un espace géographique précis.
- La notion de communauté, dans le cas où elle coïncide avec une zone géographique, comprend aussi l'inscription des activités productives dans l'espace commun, alors que le quartier à l'époque du modernisme est surtout un espace de consommation.
- Directement liée à la notion de communauté, la notion de participation renvoie habituellement à la possibilité d'intervention dans la prise des décisions. Cependant, de nombreux problèmes du quartier ne peuvent être résolus qu'à des échelles administratives supérieures, comme celle de la région.
- Pour que le quartier fonctionne comme une communauté, ses habitants doivent participer à des activités collectives et à des organisations locales.
- Le terme «communauté» détermine principalement des groupes de personnes dans un rassemblement idéal, ce qui n'est ni donné ni évident quand il s'agit d'unités d'habitation et d'ensembles.

Des objections sur le fonctionnement du quartier comme communauté ont été formulées également par Noschis,[95] qui souligne la distinction de leurs sémiotiques, affective dans le premier cas, celui du quartier, et idéologique dans le second, celui de la communauté. Pourtant le quartier pourrait, d'après lui, fonctionner dans certaines conditions comme communauté au niveau de l'imaginaire, du moment que l'espace, en tant qu'élément médiateur dans les relations humaines, à cause de sa

---

[95] Voir Noschis, K. (1984), *Signification affective du quartier,* Paris: Librairie des Méridiens, Sociologies au quotidien.

nature matérielle et culturelle, contribue à la formation d'une vie et d'une conscience sociales.

Certains chercheurs, qui évitent d'utiliser le terme communauté, considèrent l'interaction sociale entre les habitants du quartier comme élément nucléaire structurel de chaque unité d'habitation. Pourtant, des recherches en sociologie ont montré que la coïncidence n'est pas évidente entre les limites sociales nées des relations actives avec les «voisins», les limites historiques ou naturelles du quartier et celles qui résultent de l'utilisation des installations locales de services ou de l'attachement affectif à l'environnement local[96].

Ayant comme critères le degré d'interaction sociale entre les habitants d'une zone et le degré de liaison de la zone avec l'environnement sociospatial plus vaste, Warren[97] distingue cinq types de quartier. Les quartiers intégrants (*integral*) dans lesquels les relations personnelles entre les habitants sont très développées. La cohésion et les liens forts de ces zones avec des secteurs plus larges sont les caractéristiques de ce premier type de quartier. Les quartiers introvertis (*parochial*) qui présentent un degré élevé d'interaction entre les habitants, mais qui ont des liens relâchés avec le tissu urbain plus étendu. Les quartiers diffus (*diffuse*) qui sont privés de contacts sociaux, même s'ils disposent de l'organisation - type d'un quartier. Les quartiers atypiques (*stepping-stone*) qui sont caractérisés par un faible degré d'interaction sociale et par une absence d'identité. Enfin les quartiers anomiques avec un degré particulièrement faible de cohésion sociale.

---

[96] Sur ces questions: Chamboredon, J.Cl., Lemaire, M., (1979), «Proximité spatiale et distance sociale. Les grands ensembles et leur peuplement» in *Revue Française de Sociologie*, vol. XI, n° 1, pp. 3-33.

[97] Voir Warren, D. (1971), "Neighbourhoods in urban areas" in The Encyclopaedia of Social Work, New York: National Association of Social Work, pp. 722-82.

L'étude diachronique du terme à travers les différents courants de l'urbanisme et de la sociologie urbaine à l'époque du modernisme et du postmodernisme a révélé deux autres types d'analyse, différents de ceux que nous avons mentionnés ci-dessus. Il s'agit d'une conception du quartier comme unité naturelle, où l'organisation visuelle de la zone en question a un rôle principal dans la formation du quartier en tant qu'élément structurel de l'organisme urbain. Les limites du quartier sont déterminées par l'aménagement de l'environnement bâti et par les repères du paysage naturel. Bâtiments, rues, places, monuments sont les éléments qui le composent. Leur disposition dicte les relations entre les voisins, les rencontres, les flux. L'échelle humaine et la dimension historique des éléments spatiaux deviennent des facteurs déterminants pour l'élaboration d'une vie sociale et d'une conscience commune. Une telle approche ignore les éléments sociaux de l'environnement en question, limitant le quartier à ses caractéristiques spatiales et symboliques.

Enfin, la vision du quartier en tant que forte référence affective due aux vécus, aux expériences et au contact quotidien de l'homme avec l'environnement du quartier, s'intègre dans le cadre des approches psychosociologiques de l'après-guerre. Le lieu et l'identité sont des notions cruciales de cette approche non seulement pour le quartier mais aussi pour d'autres échelles de l'espace. Ces notions expriment la réalité subjective du quartier, c'est-à-dire celle qui est vécue par les individus qui y habitent, une réalité complexe, puisqu'elle inclut aussi, outre les données objectives de l'espace, bâti et social, des sentiments, des valeurs, des évaluations, des préférences, des expériences. Tendant vers une approche holistique du phénomène du «quartier», ces notions renferment l'«ensemble» des éléments et des relations qui composent la «réalité» d'un espace sociogéographique. L'échelle des échanges sociaux entre les habitants de la zone, ainsi que la façon dont ceux-ci sont liés avec le reste de l'espace urbain sont inclues dans les composantes du lieu sans pour autant constituer son noyau. L'acte social et culturel, des données symboliques, morphologiques et structurelles de l'espace, naturel et bâti, des caractéristiques particulières des habitants coexistent et se combinent avec les éléments ci-dessus. Tous ces facteurs s'articulent en même temps et déterminent l'identité de la zone, le degré de satisfaction de ses habitants, leur sentiment de sécurité. Le facteur social possède certainement une place centrale dans les procédures de construction de l'identité du lieu. Dans des quartiers où le réseau des relations sociales et l'acte socioculturel sont particulièrement développés, on observe une certaine charge émotionnelle, une satisfaction et un fort sentiment de sécurité.

L'influence des facteurs sociaux et géographiques est signalée par la recherche de Metton, présentée dans son article «Le quartier: étude géographique et psychosociologique»[98]. Le rôle du facteur géographique est souligné dans cet article qui se réfère à l'espace vécu du quartier dans la zone de Boulogne-Billancourt. Metton soutient initialement que quatre éléments majeurs d'une zone contribuent à la formation de l'image du quartier. Ces éléments sont: le «centre» de la zone plus large qui comprend une variété d'activités et d'espaces. Quand les habitants d'une zone particulière parlent de leurs quartiers, ils incluent très fréquemment le centre de la zone plus étendue. Les espaces à usage commercial de la zone constituent un deuxième élément majeur. Leur influence dans la construction de l'identité du quartier s'affaiblit quand leur distance par rapport au quartier augmente. Le lieu de résidence et le réseau des transports en commun font aussi partie de ces éléments majeurs de l'espace qui influencent l'image du quartier. L'église, le complexe

---

[98] Voir Metton, A. (1969), «Le quartier: étude géographique et psychosociologique» in *Canadian Geographer,* vol. XIII, n° 4, pp. 299-315.

scolaire le plus proche, les centres administratifs et sportifs sont considérés comme des éléments secondaires. Enfin, la taille du quartier constitue un critère pour la délimitation de son espace subjectif. Le rayon d'action à l'intérieur du quartier coïncide avec l'espace géographique du piéton. Les grandes artères qui interrompent ce mouvement et qui constituent en général une limite stricte déterminent aussi l'échelle du quartier. Le type d'habitation, le bruit et la qualité esthétique sont également proposés par d'autres chercheurs. Metton n'ignore pas les facteurs sociaux. Son approche souligne le rôle important des caractéristiques socioprofessionnelles des habitants, de la durée du séjour dans la zone, de l'âge, du temps de présence effective dans le quartier.

Identité du lieu et développement de l'enfant

Comme nous l'avons déjà soutenu dans des chapitres précédents, le développement de l'individu ne dépend pas seulement de facteurs biologiques, mais aussi de facteurs environnementaux. L'environnement fabriqué par l'homme fait partie de ces derniers. Le terme «*place identity*» introduit par Proshansky[99] traduit l'implication de l'espace bâti dans le comportement et les attitudes de l'individu. L'identité du lieu, déterminée par les termes «*memories, ideas, feelings, attitudes, values, preferences, meanings and conceptions of behavior and experience*» et qui se construit à travers l'interaction de l'individu et de son environnement social et géographique, constitue une «infrastructure» de la structuration globale de l'individu, un élément partiel de l'identité du moi.

---

[99] Proshansky, H.M. & al. (1983), "Place-identity: Physical world socialization of the self" in *Journal of Environmental Psychology*, n° 3, pp. 57-83.

En ce qui concerne les enfants plus particulièrement, le lieu de résidence et son environnement direct sont considérés comme le plus puissant cadre dans lequel se construit l'identité du lieu. Cet environnement est pour la petite enfance un espace important de socialisation de l'enfant, qui le nourrit d'images sur lui-même et sur le monde. Ces images seront des éléments de formation de sa personnalité et coloreront son comportement ultérieur d'adolescent ou même d'individu plus âgé. Des différences observées dans le comportement spatial des individus sont en partie attribuées aux liens que leur développement affectif, social et intellectuel entretient avec l'environnement de leur résidence pendant les premiers stades de leur vie.

L'identité du «quartier» dans la ville contemporaine

Nous avons déjà étudié le comportement spatial de l'enfant dans deux environnements très familiers, celui de l'espace scolaire et du trajet domicile - école, et nous considérons le «quartier» comme l'étape suivante dans un projet de recherche qui vise à cerner la relation enfant - environnement à des échelles sociospatiales variées[100]. Notre objectif est de rechercher si le quartier, dans une ville grecque d'une taille de population importante, fonctionne dans le cadre de la réalité contemporaine comme espace de références affectives, d'activité sociale et de participation de l'enfant. Nous avons tenté de détecter les facteurs sociaux et géographiques qui agissent dans la construction de l'identité de l'espace en question et

---

[100] Voir Tsoukala, K., et al. (1996), «Sens et représentation mentale: le cas du quartier» in A.F. Lagopoulos, K. Bocloud, B. Tentokali, K. Tsoukala (éd.) *Homme le Signifiant,* Tome II / *Le regard postmoderne – l'espace mental,* Thessalonique: Paratiritis, pp. 305-320. Ce texte s'appuie sur un échantillon plus restreint de population et se limite à la présentation des critères de classification de l'étude.

particulièrement de dégager les caractéristiques spatiales qui contribuent à la formation de fortes références ou au contraire qui conduisent à la perte de la signification du quartier. La recherche a été effectuée à Thessalonique, avec un effectif de 60 enfants âgés de 11-12 ans. Les enfants provenaient de différentes zones urbaines, centrales et périphériques. Nous avons sélectionné deux types de zones d'habitation dans le noyau central de la ville. Le premier type est caractérisé par un coefficient de construction élevé (constructions continues et immeubles à plusieurs étages), par la rareté des espaces libres, par des axes de circulation chargés d'un grand flux de véhicules et par l'hétérogénéité socioprofessionnelle et culturelle des habitants. Le second type est caractérisé par une échelle plus humaine (faible hauteur des bâtiments, réseau routier aménagé pour les piétons), par un très petit nombre d'espace libres et par une homogénéité socioprofessionnelle de la composition de la population. Il s'agit d'un secteur de la ville traditionnel et classé, qui sous l'empire ottoman, constituait le «*machalas*» (quartier) de ses habitants turcs. Nous avons choisi aussi deux types de zones d'habitation parmi les secteurs périphériques de la ville: les «quartiers» résidentiels dans la partie est de la ville et les «quartiers» défavorisés de la partie ouest, dans la zone industrielle. Les premiers possèdent une densité de construction relativement faible (immeubles assez peu élevés - en comparaison avec ceux du centre -, système de construction dégagé de tous côtés), un réseau routier qui favorise par sa conception et son équipement le déplacement des piétons, une population homogène culturellement (même lieu d'origine, mêmes conditions d'installation et d'insertion dans la zone). Il s'agit de Grecs pontiques d'Asie Mineure qui se sont installés là comme réfugiés après la guerre gréco turque de 1922. Cette population conserve jusqu'à nos jours sa structure familiale et son mode de vie traditionnels. Les seconds ont un indice élevé de densité d'habitation, un réseau de circulation qui ne tient pas compte du piéton et un nombre limité d'espaces destinés aux activités en plein air de l'enfant. La population de ces zones, de composition pluriculturelle (après l'installation à Thessalonique d'immigrés venant de pays balkaniques et de l'Europe de l'est) appartient en majorité à des couches sociales de faibles revenus. Ces quatre zones peuvent être regroupées en deux types de zones d'habitation. Le premier type est caractérisé par un milieu bâti et social «amical» qui encourage l'activité de l'enfant dans un espace public ouvert, tandis que les caractéristiques du second entravent cette activité. Les soixante enfants de l'échantillon sont également repartis dans les deux types de zones d'habitation (30 enfants par type).

Le temps de séjour des enfants dans les zones sélectionnées a constitué une autre variable indépendante de la recherche. Sur les 60 enfants de l'échantillon de l'enquête, 49 habitent la zone depuis longtemps (24 appartiennent au premier type de zone d'habitation et 25 au second). Les 11 enfants restants habitent la zone depuis moins d'un an (6 appartiennent au premier type d'habitation et 5 au second).

Les données de la recherche ont été rassemblées grâce à des entretiens et des cartes mentales et ont été analysées à l'aide de méthodes qualitatives.

Dans ces zones d'habitation, les activités des enfants pendant leur temps libre sont regroupées en quatre catégories principales: les activités éducatives extrascolaires (48% de l'ensemble des enfants de l'échantillon - apprentissage de langues étrangères, musique, danse, arts plastiques -), les activités ludiques (37% des enfants - jeu de motricité spontané, exploration -), les activités sportives (18%) et les activités qui se déroulent au domicile de l'enfant ou de ses amis (pour presque l'ensemble des enfants - jeux vidéos, télévision, autres formes de jeux -). L'activité qui semble être très influencée par le type de zone d'habitation est le jeu dans l'espace ouvert public du quartier. Dans des zones à environnement amical, ce pourcentage s'élève à 58% tandis que dans les autres zones, il diminue jusqu'à 20%. L'achat de produits pour les besoins quotidiens des foyers est une autre pratique des enfants, qui modèle la carte des références pour la construction de l'image du «lieu».

Trois types de «quartier» ont été distingués au cours de l'analyse du matériel de la recherche. Le premier est le type ponctuel, où le quartier coïncide avec un seul lieu, ouvert ou fermé. Les domiciles des enfants ou les aires de jeux de la zone constituent le seul élément représenté par les enfants de cette catégorie. Le deuxième est le type axial, où le quartier se développe le long d'une rue. Cet axe sur lequel se trouve le domicile de l'enfant concentre, outre les bâtiments les plus proches du domicile, des espaces à usage commercial que l'enfant peut fréquenter ou peut être même, un trajet que l'enfant accomplit quotidiennement en ayant un objectif précis (aller à l'école). Le type spatial, où est représentée une zone tantôt de petite taille, tantôt plus importante, dans laquelle est compris également le domicile de l'enfant, est le troisième type. Nous devons ajouter un quatrième type, le type complexe, où sont représentés un ou plusieurs éléments caractéristiques de l'espace (école, église, monuments) qui ne sont pas inclus dans la représentation axiale ou spatiale du quartier (deuxième et troisième type). Metton propose lui aussi une telle typologie, bien que son échantillon soit composé d'adultes et non d'enfants. La différence entre les deux typologies se situe au niveau du premier type: la typologie de Metton ne comprend pas le type ponctuel de représentation du quartier.

Nous avons opté pour la typologie ci-dessus en ayant comme critère la forme et l'étendue de l'espace représenté. Un deuxième critère que nous avons utilisé pour la distinction des représentations a été la restitution détaillée ou abstraite de l'espace. Deux catégories d'espace subjectif ont été distinguées: dans la première ont été classés les cas caractérisés par un haut degré d'abstraction, alors que dans la deuxième ont été regroupées les représentations possédant une quantité plus importante d'informations sur les composants spatiaux.

Pour une meilleure compréhension de cette typologie, nous avons utilisé les variables indépendantes de la recherche qui nous ont conduite à des constatations en rapport d'une part avec la question plus générale posée par la présente étude et qui concerne la survie du quartier dans la ville grecque contemporaine et d'autre part, avec des questions plus spécifiques qui ont trait aux processus de construction de l'image subjective de l'espace et de formation de son identité.

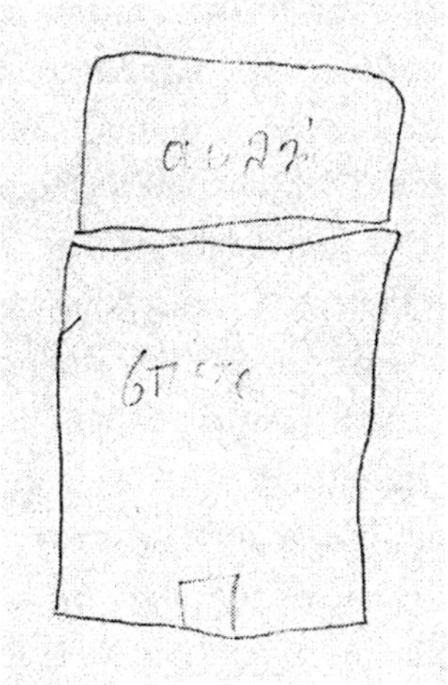

Image 9. Représentation du «quartier». Type de dessin *ponctuel* (identification du quartier à la maison).

Au type ponctuel (image 9) appartiennent les enfants qui habitent soit dans la zone en question depuis moins d'un an (60% de l'ensemble de ces enfants représentent leur domicile personnel), soit dans des zones de construction densément peuplée et qui possèdent un réseau routier où l'indice de flux et de vitesse des véhicules est élevé (parmi les enfants qui habitent dans un environnement hostile, à savoir dans le deuxième type de zone d'habitat, 27% représentent soit leur domicile personnel soit des espaces isolés dans lesquels se développent des activités de jeu et de loisir). Une brève durée de résidence dans une zone atténue le degré d'appropriation de l'espace en question par l'enfant. De même, un environnement dangereux, qui reconnaît comme utilisateur principal l'automobile et non le piéton, confinera l'enfant dans des espaces qui ont été conçus exclusivement pour le jeu (aires de jeu). Dans ce deuxième cas, les parents imposent des limitations supplémentaires au déplacement et au jeu des enfants, fait qui renforce l'aliénation de l'enfant vis-à-vis de son «quartier».

Dans le type axial (image 10) sont regroupés des enfants qui appartiennent à différentes catégories de l'échantillon. Parmi les enfants qui habitent dans des zones caractérisées par un indice élevé de flux et de vitesse des véhicules, 37% représentent habituellement une petite partie de la rue où est situé leur domicile. La même remarque vaut pour 38% des enfants qui sont installés dans la zone depuis peu. Des représentations de la rue plus proches de la réalité - pour ce qui est de sa taille et de son contenu - sont obtenues dans le cas de zones d'habitation qui présentent un environnement plus accueillant pour l'enfant (40% des enfants appartiennent à cette catégorie).

Une forte identité du «quartier», manifestée autant à travers son étendue (zone qui comprend le domicile de l'enfant et s'étend sur un assez grand rayon autour de lui) qu'à travers le détail de la description de ses éléments ou le détail des dessins, est observée dans le type spatial (60% des enfants qui habitent dans des environnements sociospatiaux favorables). Les enfants qui appartiennent à cette catégorie proviennent de zones à faible coefficient de construction, qui possèdent des voies piétonnes et un réseau d'axes de circulation sûr, où la vitesse des automobiles est réduite par une organisation appropriée et l'équipement des rues (image 11). Les conséquences positives de ce cadre bâti sur le comportement de l'enfant sont renforcées par la richesse des échanges sociaux des habitants. Il s'agit de zones habitées par des populations appartenant à des couches sociales de faibles revenus ou par des populations d'une composition relativement homogène quant à leur lieu d'origine (Grecs d'Asie Mineure). Les différences constatées à l'intérieur de cette catégorie et qui concernent la représentation réaliste ou abstraite de la zone semblent dépendre du sexe. Les filles, comme le soulignent aussi d'autres chercheurs, représentent l'espace avec plus de détails que les garçons. Cependant, à la catégorie du type spatial appartiennent même des enfants qui habitent dans des environnements hostiles. Dans ces deux cas, le haut degré d'abstraction de la représentation (petit nombre et variété des codes) et sa faible étendue sont directement liés à une activité et un déplacement limités des enfants dans la zone de leur résidence (34% des enfants appartiennent à cette catégorie).

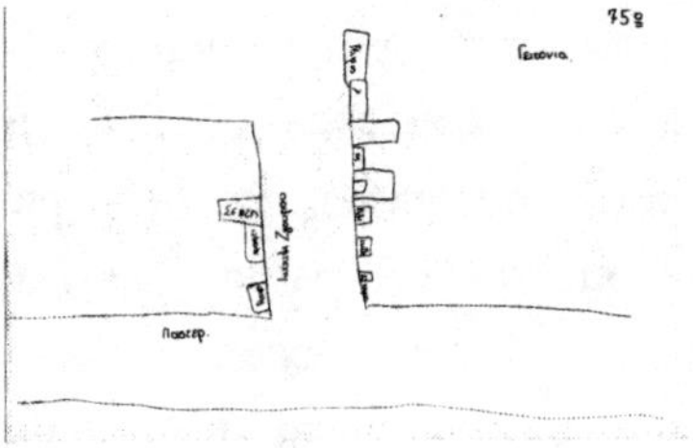

Image 10. «Quartier» représenté. Type *axial* (identification du quartier à une partie de la rue).

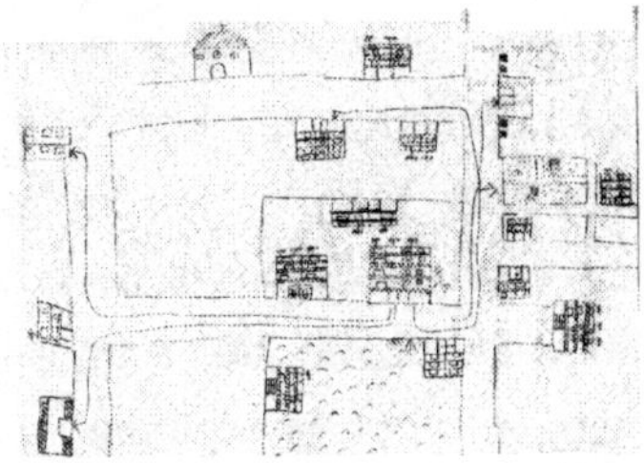

Image 11. «Quartier» représenté. Type *spatial* (secteur plus vaste de résidence).

Cadre sociospatial et valeurs subjectives du «quartier»

Certes, une activité réduite dans la zone d'habitation de l'enfant n'est pas seulement due au facteur du temps de résidence ou au cadre bâti. L'occupation des enfants avec des activités éducatives extrascolaires (apprentissage de langues étrangères, arts plastiques, danse, musique) pendant leur temps «libre», l'orientation de ce dernier vers des formes de loisir liées à l'écran et plus précisément au monde virtuel proposé par les technologies de pointe, les rythmes de travail des adultes, la possibilité de couvrir de longues distances géographiques pour se rendre dans des espaces de loisir et d'éducation (parcs thématiques, centres polyvalents) contribuent à leur isolement social et à la limitation de leur contact avec l'espace plus vaste de leur résidence. Malgré l'influence négative des paramètres ci-dessus, le cadre sociospatial accueillant de la zone de résidence fait d'elle un espace lisible et familier, d'une valeur affective et symbolique. L'attribution de sens à la zone de résidence dépend de la position du domicile, des espaces publics ouverts de la zone, de la présence d'autres services, de l'organisation du réseau local de circulation des piétons et des automobiles. Des facteurs sociaux et démographiques interviennent également dans la construction de l'identité du «quartier». Le faible pourcentage des enfants qui reconnaissent le «quartier» comme une étendue socio spatiale permettant leurs activités et leurs expériences confirme la thèse de Brill[101] selon laquelle l'époque contemporaine n'est pas tant caractérisée par la perte de la vie publique que par la restriction de la familiarité, due à l'absence d'une vie sociale locale. Désirant interpréter ce phénomène qui émane principalement de facteurs économiques et non technologiques et culturels, Brill soutient que la perte de la familiarité survient quand les données sociales de l'organisation de la vie sont délogées par les données économiques correspondantes. Le mode social d'organisation met en rapport et unit les hommes par des liens communs; au contraire, le mode économique d'organisation dans le cadre d'un système économique libéral envisage les facteurs de l'environnement, animés et inanimés, comme des unités économiques discrètes: ainsi se créent des conditions d'éloignement, de coexistence impersonnelle, d'insécurité et de vide affectif.

---

[101] Voir Brill, M. (1989), "Public places and spaces" in I. Altman & E. Zube, *Human behavior and Environment – Advances in Theory and Research,* vol. 10, New York: Plenum Press, pp.7-30.

Le débat sur le rôle du «quartier» dans le développement et l'équilibre de l'individu - et particulièrement de l'enfant - reste ouvert à un niveau sociologique et urbaniste. L'échelle de l'enfant et ce qu'elle implique au niveau de l'architecture et de l'urbanisme enrichit les processus de construction de l'identité de l'espace de résidence. En même temps, elle est directement liée à des questions de nature sociologique et anthropologique qui manifestent aujourd'hui plus fortement leur rôle régulateur, avec les changements qui surviennent dans la structure de la famille et la composition pluriculturelle des populations.

Chapitre 7

Les limites de l'espace privé et public

Limite et espace

Les fronts de la rue revendiquent un double rôle: protéger l'espace intérieur privé des bâtiments des facteurs environnementaux extérieurs, animés ou inanimés, et en même temps organiser l'espace à usage commun du lotissement. Ce double rôle des fronts qui s'exprime à travers les organisations diverses de leurs deux façades est une caractéristique de la limite. Dans le cas précis de la rue, cet élément vertical sépare l'intérieur de l'extérieur, le privé du commun ou du public, l'espace du vécu, personnel et intime (dans le cas de l'habitation) de l'espace des échanges et des contacts sociaux. Il définit deux espaces, l'un intérieur, fermé, non visible et par suite énigmatique, inconnu et accessible seulement au niveau de l'imaginaire et l'autre, extérieur, visible, accessible et ouvert où activités et comportements sont exposés et se déroulent dans un lieu commun. Chacun de ces espaces acquiert consistance et signification à travers l'existence de l'autre. Bien qu'opposés, ils cohabitent harmonieusement, en contribuant par leur limite à l'ordre spatial.

C'est la limite qui crée l'espace, qui lui donne forme, qui lui attribue des qualités absentes du chaos informe et indéfini. Certains chercheurs supposent - nous nous référons au grec ancien et moderne - la contribution de deux termes, χάος (chaos) et όρος (limite), à la formation du mot «espace» (χάος + όρος = χώρος)[102]. Comme nous l'avons déjà mentionné, χάος signifie matière amorphe, primaire, désordre, confusion. Όρος signifie limite. Ce terme est dérivé du verbe ορίζω qui du point de vue de sa signification, s'identifie aux notions de stabilité et d'ordre.

Platon comprend l'espace comme la composition de quatre éléments perceptibles par les sens, la terre, l'air, le feu et l'eau[103]. Il fait correspondre ces éléments matériels à des solides réguliers, la terre au cube, l'air à l'octaèdre, le feu à la pyramide et l'eau au solide à vingt faces. Cette idée comprend le principe d'un monde divisible selon une harmonie mathématique et géométrique. La géométrie constituera pour l'homme le véhicule de son éloignement d'un espace aliéné et non familier, invisible et universel, le moyen qui le conduira dans un espace construit, concret, différencié et délimité. Quelques années après Platon, Aristote conçoit l'espace comme le lieu des expériences de l'homme. La notion de lieu est directement liée à la notion d'habitat[104]. Aristote précise la différence entre forme et lieu, disant que la forme coïncide avec la limite de la chose circonscrite alors que le lieu est la limite des expériences du schéma corporel. Dans la pensée grecque, les limites tentent, selon une logique mathématique ou une logique de

---

[102] Voir Liddel, H., Scott, R. (1966) *Greek-English Lexikon*, Oxford: Clarendon Press, p.1976. Voir aussi Zafiropoulos, S. (1990), "Meaning in Space Limits: The Greek Approach" in P. Pellegrino (ed.), *Figures architecturales et formes urbaines*, Actes du Congrès de l'Association Internationale de Sémiotique de l'Espace, Genève: Anthropos – Economica, pp. 185-92 et Pellegrino, P. (2000), *Le Sens de l'espace. L'époque et le lieu*, Paris: Anthropos. Sur la signification de la limite voir aussi Paul-Lévy, F., Segaud, M. (1983), *Anthropologie de l'espace*, Paris: Centre Georges Pompidou.

[103] Platon, *Timée et Critias*, Cambridge and London: Loeb Classical Library.

[104] Aristote, *On the Heavens*, vol. I, Cambridge and London: Loeb Classical Library.

l'expérience, d'établir l'ordre, de concrétiser et de donner forme à l'état amorphe et primaire de la matière.

En continuant avec la recherche de l'origine de la notion de limite, mais en nous concentrant à présent sur le symbolisme de l'intérieur et de l'extérieur, nous puisons tout d'abord nos renseignements dans la mythologie grecque[105]. L'espace intérieur fermé de l'habitation est le domaine de la déesse Hestia. Hestia se trouve au centre de l'espace domestique. Ancrée dans le sol, «elle est comme le nombril qui enracine la demeure à la terre. Elle est un symbole et un garant de solidité, de stabilité et de permanence». Au séjour des hommes et plus généralement à la terre est lié également Hermès, mais d'une façon différente. Contrairement aux autres dieux qui résident dans un autre monde, Hermès apparaît sur terre dans le monde des hommes, comme un voyageur de passage. Il symbolise le mouvement, la transition, le changement d'un état, le contact avec l'«autre». «Hermès est présent dans tous les lieux où les hommes, quittant leur résidence privée, se réunissent et entrent en contact en vue d'échanges - qu'il s'agisse de discussion ou de commerce»[106]. Ces deux divinités représentent respectivement la stabilité et la mobilité, le fermé et l'ouvert, l'intérieur et l'extérieur, oppositions qui ne s'inscrivent pas seulement dans l'espace mais qui constituent un élément structurel de la nature humaine elle-même.

Si nous déplaçons notre intérêt de la mythologie vers la science ou vers des courants récents de la philosophie - vers la phénoménologie par exemple -, nous constaterons que la limite, l'élément qui sépare l'espace privé de l'habitation de l'espace public de la rue, a retenu l'attention des chercheurs en tant qu'élément matériel mais aussi en tant qu'élément subjectif, en

---

105 Vernant, J.P., *Mythe et pensée en Grèce ancienne* (texte traduit en grec), Athènes: Egnatia.

106 op.cit. p. 141.

tant qu'échelonnement des lieux de mouvement et d'action de l'homme entre l'intérieur et l'extérieur, entre le stable et le fluide, entre le fermé et l'ouvert, entre l'espace qui appartient exclusivement au «moi» et celui où coexistent l'élément égocentrique et allocentrique.

L'espace transitoire, en tant qu'élément intermédiaire entre des espaces clairement signalés, en tant que point limite, ligne limite ou surface limite, est une notion de psychologie, de sociologie et d'architecture. Des études effectuées relativement récemment dans le cadre de ces champs cognitifs et selon diverses approches scientifiques proposent cette notion et la définissent ainsi: il s'agit d'«un espace qui unit et sépare à la fois l'intérieur et l'extérieur, le privé et le public, la fonction et l'imaginaire; c'est un lieu de passage, de mélange et de contingence; concrètement, il désigne tous les espaces tampons intérieurs ou extérieurs au logement, seuils, paliers, couloirs, corridors, escaliers, portiques, ascenseurs, vestibules, halls d'entrée, mezzanines, alcôves, estrades, demi niveaux, recoins, coursives, portails, serres... Mais il ne les désigne pas simplement en tant que forme architecturale ou fonction déterminée, mais en tant que révélateur d'un certain rapport sensible à l'espace, à l'usage, à la matière, au son, à la lumière, à l'information ou aux personnes»[107].

La limite entre l'espace privé de l'habitation et l'espace public de la rue

En se focalisant sur la limite entre l'espace privé de l'habitation et l'espace public de la rue, certaines de ces recherches fournissent des informations conséquentes sur les

---

[107] P. Amphoux, L. Mondada (1989), «Le chez-soi dans tous les sens» in *Architecture et Comportement*, vol. 5, n° 2, pp. 135-50 (p. 146).

espaces transitoires et sur leur rôle dans les processus perceptifs de l'organisation de l'image de la «maison» et de l'«espace privé». Comme nous orientons notre recherche vers le repérage des limites subjectives de l'«habitation», il est utile de définir non seulement la limite et l'espace transitoire mais aussi l'espace privé. Ce dernier, en tant qu'espace qui assure à l'individu par ses qualités le degré d'intimité désiré, nous mène à éclaircir la signification de cette notion. Westin définit l'intimité comme «the claim of individuals, groups or institutions to determine for themselves when, how and to what extent information about them is communicated to others»[108]. Proshansky propose une autre définition: «the need to maximize freedom of choice, to remove constraints and limitations on behavior»[109]. Selon ses qualités, l'espace peut jouer un rôle positif ou négatif dans les attitudes et comportements susmentionnés. Ainsi, nous pouvons nous demander dans quelle mesure l'intimité recherchée dans l'espace du domicile cesse d'exister au-delà de la limite de la bulle qui l'entoure. Les recherches effectuées dans cette direction se sont concentrées, selon leur optique, tantôt sur le type de bâtiment tantôt sur les caractéristiques particulières des habitants, afin d'examiner les conditions dont dépend l'intimité.

Gilles Barbey[110] qui a étudié les phénomènes ci-dessus chez l'enfant présente quelques conclusions intéressantes dans son article «Anthropological analysis of the home concept: some considerations based on the interpretation of children's

---

[108] Harman, E., Betak, J. (1974), "Some preliminary findings on the cognitive meaning of external privacy in housing", in B. Honikman, R. Moore (eds.), *Cognition and perception. Childhood city*, Environmental Design Research Association, p. 42.

[109] op.cit. p.42.

[110] Barbey, G. (1974), "Anthropological analysis of the home concept: some considerations based on the interpretations of children's drawings", in B. Honikman, R. Moore (eds.), *Cognition and perception. Childhood city*, Environmental Design Research Association.

drawings». Signalant dans ce texte les difficultés dans la recherche des dimensions subjectives de l'habitation, dues à un nombre élevé de paramètres, Barbey a recueilli ses données à travers l'étude de cartes mentales sur la maison idéale dessinées par un petit nombre d'enfants. Les représentations, de caractéristiques et de morphologie variées, - habitations tantôt strictement délimitées par leur «coquille», tantôt comprenant dans leurs limites des espaces fermés et ouverts qui combinent l'intérieur avec l'extérieur, le «privé» avec le «public» - rendent lisibles les divergences entre les limites subjectives de l'habitation et ses limites matérielles réelles. Les qualités subjectives de l'habitation semblent être principalement liées à un sentiment de domination du territoire, de soins reçus, de familiarité, de confort et de satisfaction: «The drawings illustrate a site or a place more than an actual building and refer to an open world where children can improvise according to their will. The identification of the child with the sketched house suggests a situational more than a traditional relationship»[111].

Amphoux et Mondala[112] proposent un contenu analogue pour la notion qu'ils introduisent dans leur recherche. L'objet de cette dernière est le «Chez-soi dans tous les sens» et non ce qui a trait à l'habitation et à ses prolongements exclusivement. Dans le cadre de leur étude, ils reconnaissent comme caractéristiques dominantes l'enchaînement très rapide des situations et des faits, le remplacement du gain de temps par la consommation du temps, le passage de la continuité de l'espace où l'expérience corporelle spatiale est dominante à la discontinuité de l'espace caractérisée par l'expérience corporelle dans le temps. Ils créent le terme d'«isolats infra

---

111 op.cit. p. 144

112 Amphoux, P., Mondala, L. (1989), «Le chez-soi dans tous les sens» in *Architecture et Comportement*, Vol. 5, n° 2, pp. 135-52.

spatiaux» pour décrire simultanément la dimension utilitaire de l'espace et sa qualité symbolique et affective. Selon eux, «l'isolat infra spatial désigne un sous-espace qui n'est pas nécessairement matériellement délimité mais qui fait l'objet d'un usage plus intense que l'espace environnant, soit que cet usage soit déterminé par un objet ou une activité particulière, soit qu'il témoigne d'un investissement affectif particulier. Tout se passe comme si l'objet ou l'activité considérée, par une sorte de cohésion interne, créait son environnement spécifique et se refermait sur lui-même à l'intérieur d'une bulle spatio-temporelle propre»[113].

Taylor et Brower[114] concentrent leur intérêt sur l'habitation et les espaces qui l'entourent. Ils étudient les fluctuations de la domination du territoire, de l'environnement intérieur de la maison aux ouvertures qui permettent l'interpénétration des espaces intérieurs et extérieurs, aux seuils, aux espaces à usage commun, aux cours, aux trottoirs et aux chaussées. Ils soutiennent que la domination du territoire, son degré, son intensité et sa qualité, sont liés à des facteurs externes à travers le cadre culturel et social dans lequel elle se modèle et à travers des caractéristiques géographiques. Ils sont principalement orientés vers les signes sociaux de l'habitation, qui ne proviennent pas exclusivement des particularités de ses habitants mais proviennent aussi de son intégration à une «communauté» précise. Ils focalisent donc principalement leur tentative d'interprétation de l'approche du phénomène sur le facteur social.

Les notions évoquées ci-dessus, qui sont directement liées aux qualités du «quartier» et de la rue, nous préparent à leur

---

[113] op.cit. p.146

[114] Taylor, R., Brower, S. (1985), "Home and near-home territories" in I. Altman, C. Werner (eds), *Home Environments*, New York/London: Plenum Press.

traitement différent dans les zones sociogéographiques variées que renferme la ville ainsi qu'à la domination des limites pures, rigides, sans graduation entre l'espace privé de l'habitation et l'espace extérieur commun qui la contient. La ville contemporaine, qui fonctionne dans le cadre de la mondialisation avec tout ce que cette dernière implique à un niveau économique, culturel et technologique, adapte son environnement bâti à cette nouvelle réalité et développe un nouveau langage sur les espaces et leurs rapports, particulièrement différent de celui utilisé dans des périodes précédentes. Le système d'espace déstabilisé, créé par les nouvelles structures qui concernent l'organisation du travail, de la famille, des loisirs, du déplacement et du temps ne s'intéresse ni à ses étapes transitoires, ni aux nuances subtiles de leur symbolisme et de leur signification, ni à la souplesse de ses limites, ni aux séquences temporelles de ses épisodes spatiaux. La ville contemporaine réapparaîtra, à travers une approche et une logique différentes, dans la clarté des délimitations de la ville moderne, dépouillant l'espace urbain public ouvert des activités de la vie publique, qu'il tente par ailleurs de concentrer dans des espaces fermés polyvalents, dans une sorte d'espace qui pourrait être considéré comme la micrographie de la ville dans sa version fermée et protégée.

Les transformations de la limite représentée entre l'espace privé et public dans le cas de l'enfant

Dans la recherche que nous avons effectuée à Thessalonique en 1998[115], la question que nous avons posée aux enfants âgés de 11-12 ans était la suivante: «est-ce que tu peux décrire ta maison?», en précisant que le terme «maison» comprenait non

---

115 Tsoukala, K. (1998), The home concept in child, Research Report, Thessaloniki: Aristotle University of Thessaloniki.

seulement les espaces intérieurs mais aussi extérieurs, ceux que l'enfant considère comme faisant partie de sa maison. En ce qui concerne les dessins, la question a été formulée de la manière suivante: «est-ce que tu peux dessiner les espaces extérieurs à ta maison, ceux que tu crois ou que tu sens appartenir à ta maison?». Nous avons posé ensuite des questions concernant les relations avec les voisins, les éventuelles activités communes, le jeu dans l'espace extérieur, le statut foncier de leur domicile personnel.

Les 60 enfants de l'échantillon ont été sélectionnés selon les critères spatiaux concernant les caractéristiques typologiques de l'espace urbain, comme la densité de l'habitat (coefficient d'occupation des sols élevé ou faible), le type d'habitation (grande ou petite échelle des immeubles de résidence) ainsi que le caractère de la rue (artère principale ou voie locale). Ces critères ont été combinés avec des caractéristiques sociales de la population révélées par l'analyse des entretiens, plus précisément avec le type des relations sociales et des activités des habitants de la zone (contacts avec les voisins, activités collectives etc.) et avec le statut foncier du domicile (propriété, location).

Les enfants[116] provenaient des zones du centre de la ville et de la périphérie. Le centre, avec une forte densité et des immeubles de plusieurs étages, des rues très fréquentées et à forte circulation, a été mis en regard de zones périphériques (zone de Kalamaria) de caractéristiques différentes: densité de constructions plus faible, environnement bâti à échelle humaine.

L'analyse des réponses données par les enfants aux questions concernant les relations sociales avec les voisins, les activités ludiques dans l'espace extérieur et le statut foncier du domicile nous a conduits à distinguer 7 catégories. En ce qui concerne le premier

---

[116] La population se répartit de façon égale dans les deux zones de la ville. Mais cette répartition n'est pas représentative dans le reste des catégories formées d'après les critères de l'interaction sociale et de la propriété. C'est pourquoi nous n'avons pas appliqué l'analyse descriptive statistique.

paramètre, celui des relations sociales: 1. Absence d'échanges sociaux, 2. Activités communes et relations amicales, 3. Activités communes et relations de parenté. En ce qui concerne les activités ludiques dans l'espace extérieur: 1. Possibilité de développement d'activités, mouvement de l'enfant autonome/non contrôlé par des adultes, 2. Interdiction par les parents de certaines activités (risques liés à l'environnement social et bâti). En ce qui concerne le statut foncier du domicile : 1. Propriété, 2. Location.

L'analyse des représentations topographiques a dégagé deux catégories d'espaces subjectifs selon le critère des éléments représentés :

a) Le type nucléaire de l'espace personnel. À cette catégorie appartiennent les enfants qui dessinent les fenêtres, l'entrée et le balcon de leur domicile. Ces trois éléments «extérieurs» font partie du domicile (image 12).
b) Le type étendu de l'espace personnel (image 13). Ici sont répertoriés les enfants qui représentent des parties de l'espace à usage commun des immeubles, d'autres appartements ou encore des parties qui appartiennent à l'espace public (trottoir, rue).

Le premier type est dessiné surtout par des enfants qui habitent dans des zones d'une forte densité de logements et dont les rues sont dangereuses étant des voies à circulation rapide. Cette condition spatiale est accompagnée d'un faible degré d'interaction sociale de sorte que l'espace privé, personnel de l'enfant se limite à l'espace intérieur de son domicile. Le mur de l'appartement est la limite inflexible entre l'intérieur et l'extérieur, entre le moi et l'«autre» et déclare à travers sa propre représentation la qualité sociale de l'espace plus large. Une vie sociale introvertie dans les rapports avec la population voisine. Les fenêtres, l'entrée et le balcon sont des éléments de l'enveloppe extérieure du domicile qui assurent l'accès à l'extérieur, la vision d'un monde «autre» et non la participation à ce dernier à travers des contacts et activités sociales. La disparition de la conscience collective, le mode de vie individualiste conduisent inévitablement à une communication parallèle et non coopératrice entre les individus et influencent ainsi leur rapport au temps et à l'espace.

Il est aussi intéressant de noter que certains des qui habitent dans des appartements loués et non achetés correspondent à cette catégorie: Ces enfants ont refusé de discuter ou de dessiner les espaces extérieurs de leur maison, en disant que de tels espaces n'existaient pas car la maison ne leur appartenait pas. Nous pourrions dire que le fait d'être propriétaire devient un facteur important pour la formation de l'espace subjectif du lieu de résidence.

Au contraire, le second type, celui de l'espace personnel étendu est représenté par les enfants qui vivent dans un environnement bâti et social non hostile. L'espace bâti et ses caractéristiques (immeubles ayant un petit nombre d'appartements, rues où les piétons circulent en sécurité) facilitent le développement de modes de communication et d'activités dans l'espace public ouvert qui reposent sur la coopération. Le mode traditionnel de fonctionnement de certains groupes sociaux (Grecs pontiques installés depuis 1922 dans la zone de Kalamaria entretenant des liens familiaux solides, type de famille élargie et degré élevé d'interaction sociale) est facilité par l'environnement bâti de la zone en question qui convient à des activités et un déplacement en toute sécurité des enfants dans l'espace public.

Dans le cas où plusieurs familles, entretenant des liens étroits, vivent dans le même bâtiment, les limites de la maison dépassent les murs de l'appartement. L'appartement de la tante qui vit à côté et celui de la grand-mère qui habite l'étage du dessous constituent une partie du domicile. C'est un espace affectif qui joue un rôle très important dans la construction de l'identité de la maison. La cage d'escalier fait partie de la maison parce que «je monte et je descends» ou parce que «c'est là où je m'assieds et je pense». L'espace du parking ou le petit

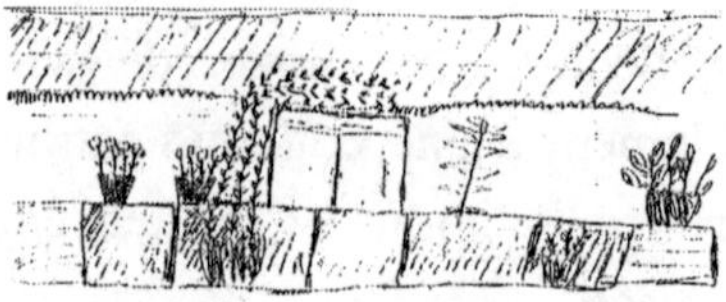

Image 12. Représentation des espaces extérieurs de la maison. Type de dessin *nucléaire*. Identification des limites entre espace public et privé pour la personne interrogée et le dessinateur - constructeur.

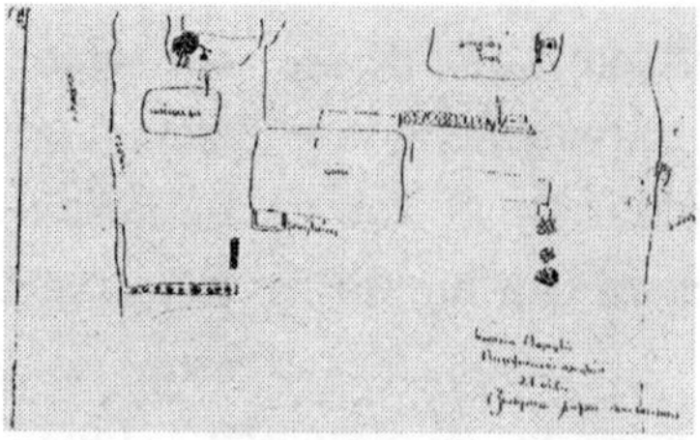

Image 13. Représentation des espaces extérieurs de la maison. Type de dessin *étendu*. La représentation comprend d'autres espaces d'activités de l'enfant et de sa famille ainsi que des lieux qui ont un sens affectif.

jardin de l'immeuble et parfois le pavé et la rue deviennent un prolongement de la maison car l'enfant y joue en sécurité, ou parce qu'«on construit» le jardin et le pavé. Nous observons que ce critère est lié au mouvement, à l'imaginaire et à l'activité ludique de l'enfant ou à l'activité que la famille peut développer dans cet espace (intervention, création). L'atmosphère de sécurité que l'enfant trouve dans ces espaces - et qui n'est pas différente de celle qu'il sent dans son appartement - joue également un rôle important dans sa perception de la «maison». Les espaces extérieurs appartiennent ainsi à la maison ou à la communauté de l'immeuble ou à un plus grand pâté de «maisons» qui inclut les bâtiments voisins: une importance est aussi attribuée au concept du voisinage, ce qui est totalement absent du centre de la ville. Dans le cadre où les liens collectifs deviennent directs et serrés, la maison et le quartier acquièrent des qualités sociales et affectives pour le développement de l'enfant. Au contraire, les espaces extérieurs représentés par les enfants du centre de Thessalonique sont caractérisés comme espaces publics et s'opposent à l'espace privé du domicile personnel. Pour ces enfants, l'espace de l'action s'identifie à l'intérieur de l'appartement. Le pavé et la rue constituent des obstacles à leurs activités (rues à circulation dense). Les espaces transitoires de l'immeuble constituent aussi un non-lieu, à cause des relations sociales affaiblies entre les habitants du bâtiment (de plus, la grande échelle de ce dernier - huit étages, grand nombre d'appartements - crée une distance entre l'appartement de l'enfant et l'entrée principale du bâtiment, une distance qui ne permet pas à l'enfant de déployer son activité sans perdre le sentiment de sécurité et d'affectivité que son appartement lui offre).

La réévaluation des espaces extérieurs proches du domicile

L'analyse révèle que les limites du domicile dépendent du cadre spatial et social dans lequel elles sont enregistrées. Nous observons que l'enfant conçoit sa maison comme un lieu de sociabilité et d'action mais aussi comme un lieu dans lequel il peut vivre en sécurité. Les espaces extérieurs constituent une partie du domicile considérée par des spécialistes comme le plus important lieu de socialisation pour l'enfant. Ainsi, nous revenons à ce que Perrinjaquet dit en ce qui concerne la division entre espaces intérieurs et extérieurs de la résidence qui caractérise la ville moderne. De la logique du profit des parties découle une réalité sociospatiale qui néglige les besoins de l'enfant. Sa «maison» est limitée par les murs de l'appartement qui en même temps constituent des obstacles à son développement social et affectif. Nous proposons par conséquent, en accord avec les résultats de la présente recherche, de réévaluer les espaces extérieurs proches du lieu de résidence et de les intégrer à son plan en tant qu'éléments constitutifs.

DEUXIÈME PARTIE

LES ESPACES DISTANTS

Chapitre 8

Vers une nouvelle orientation épistémologique: l'interactionnisme social

L'activité constitue la notion principale de cette approche. Dans le cadre de cette orientation épistémologique, l'activité est directement liée à la société : les objectifs de l'activité, ainsi que les moyens par lesquels elle est réalisée, sont fournis à l'homme par la société à laquelle il appartient. Dans son livre *Le Problème de l'activité en psychologie*[117], Leontiev met l'accent sur l'importance de l'activité en se référant aux célèbres commentaires de Marx sur Feuerbach[118], qui attribuent la principale défaite du matérialisme métaphysique à sa conception de la sensorialité comme forme de contemplation et non comme activité ou pratique humaines. Leontiev a repris la notion d'activité chez Marx et Engels[119], qui considéraient que le travail, forme fondamentale de l'activité humaine, constituait le fondement de toute explication de l'histoire socioculturelle et des caractères psychologiques de l'individu. Dans *L'Idéologie allemande*, Marx affirme que «la production des idées, des représentations et de la conscience est d'abord directement et

---

[117] Leontiev, A. N. (1979), "The problem of activity in Psychology" in J.V. Wertsch (ed.), *The Concept of Activity in Soviet Psychology*, New York: Armonk, pp. 37-133.

[118] Marx, K., Engels, Fr. (1976), *L'Idéologie allemande*, Paris: Éditions Sociales.

[119] op.cit.

intimement impliquée dans l'activité matérielle et dans le commerce matériel des hommes, elle est le langage de la vie réelle. Ce sont les hommes qui sont les producteurs de leurs représentations, de leurs idées etc. mais les hommes réels, agissants tels qu'ils sont conditionnés par un développement déterminé de leurs forces productives et du mode de relations qui y correspond, y compris les formes les plus larges que celles-ci peuvent prendre. Ce n'est pas la conscience qui détermine la vie, mais la vie qui détermine la conscience. Dans la première façon de considérer les choses, on part de la conscience comme étant l'individu vivant, dans la seconde façon qui correspond à la vie réelle, on part des individus réels et vivants eux-mêmes et l'on considère la conscience uniquement comme leur conscience»[120].

Analysant la structure de l'activité, Leontiev[121] l'associe aux termes de besoin (qui s'actualise à travers un objet), de motif et d'objectif. Ainsi, il distingue trois niveaux d'unités conceptuelles: activité, actions et opérations. Il pose en premier lieu l'unité de l'activité selon les critères des motifs. Ensuite viennent les actions, les processus soumis à des buts conscients. Enfin, ce sont les opérations directement liées aux conditions exigées pour atteindre le but. Le schéma qui suit (figure 1) et l'exemple que nous empruntons à Garnier[122] et à ses collaborateurs, permettront de mieux comprendre l'articulation de ces concepts: «Lorsque des enfants apprennent à lire, la lecture peut être considérée comme une activité composée de différentes actions; cependant, dès que l'apprentissage prend fin, la lecture peut devenir une action ou même une opération au sein du système

---

[120] op. cit. pp. 20-21

[121] Leontiev, A. (1975), *Activité, Conscience, Personnalité*, Moscou: Éditions du Progrès.

[122] Garnier, C. et al. (1991), *Après Vygotsky et Piaget. Perspective sociale et constructiviste. Écoles russe et occidentale*, Bruxelles: De Boeck-Wesmael s.a.

formé par une autre activité. Il en est ainsi, par exemple, de la lecture à l'intérieur d'une situation mettant en jeu la résolution de problèmes mathématiques.

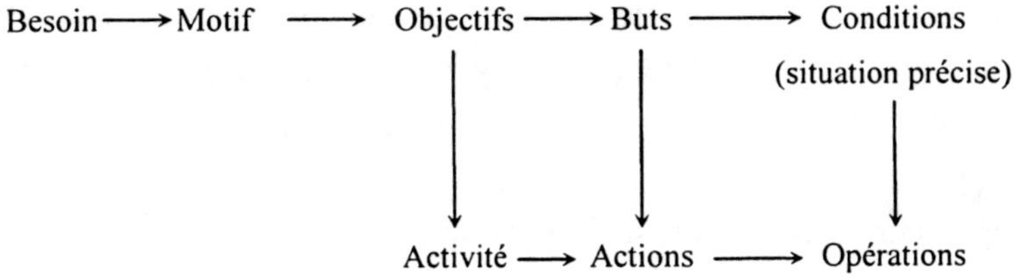

Figure 1. Structure à deux niveaux de l'activité

Dans un tel cas, les enfants doivent lire l'énoncé, ce qui n'apparaît alors que comme une des opérations à réaliser pour pouvoir résoudre les problèmes. Par contre, dans une autre situation, par exemple celle qui consiste à préparer un examen, la lecture d'un livre en vue de son analyse constituera une action, puisque le véritable motif est lié à l'obtention d'un bon résultat à l'examen et non à proprement parler au contenu du livre»[123].

Nous pouvons donc constater que la théorie de l'activité ne se limite pas à l'analyse des formes d'actions extérieures relevant du comportement: «la naissance de l'action, cette unité principale de l'activité de l'homme, engendre l'unité essentielle du psychisme humain, social de par sa nature, à savoir la signification raisonnable de l´objectif de l'activité de l'homme»[124]. Et même, la théorie de l'activité s'étend également au problème de l'organisation du psychisme, notamment aux particularités de l'organisation des significations.

---

[123] op.cit. p. 10.

[124] Leontiev, A. (1976), *Le Développement du psychisme*, Paris: Éditions Sociales, p. 68.

La notion d'activité pose des problèmes particulièrement complexes, dans la mesure où il nous faut donner une définition satisfaisante qui comprend autant l'activité extérieure que l'activité intérieure[125] et où cette notion cristallise de nombreux problèmes cruciaux de la psychologie, tels que les relations entre le sujet et l'objet, le physiologique et le psychologique, ou l'extérieur et l'intérieur. L'activité, extérieure et intérieure, intervient dans la relation entre l'homme et le monde réel. Leontiev a souligné fort à propos l'importance non seulement de l'intériorisation de l'activité extérieure, mais aussi celle de l'extériorisation de l'activité intérieure, c'est-à-dire la transformation de l'activité intérieure en activité extérieure. La théorie de l'activité dépasse ainsi le problème de la distinction absolue entre activité extérieure et activité intérieure.

Il nous faut tout d'abord nous interroger sur la façon dont l'activité extérieure se transforme en activité intérieure. L'activité extérieure est la source du développement de nombreuses formes d'activités intérieures, celles-ci dépendant des caractéristiques particulières de l'individu. Ce processus de reconstruction des activités extérieures s'appelle intériorisation. L'activité extérieure est directement liée à l'instrument et à la société. Mais seule l'activité instrumentale dont les instruments sont porteurs de sens peut s'intérioriser et devenir un moyen en vue de l'élaboration de stimuli. Cependant, tous les instruments ne sont pas porteurs de sens et ils ne peuvent pas tous influencer le processus d'intériorisation. C'est pourquoi certains chercheurs ont proposé la notion d'objet "porteur de sens"[126], notion considérée comme formant un lien entre l'activité extérieure et l'activité intérieure. Lorsque Holzkamp en particulier suggéra

---

[125] Vygotsky, L.S. (1979), "The instrumental method in Psychology" in J.V. Wertsch (ed.), *The Concept of Activity in Soviet Psychology*, New York: Armonk, pp. 134-43.

[126] Holzkamp, K. (1973), *The Social Function of Perception and its Origins in the History of Sense Cognition*, Frankfurt: Atheneum.

cette notion, il avait à l'esprit l'expérience de l'homme qui résulte de son activité pratique et attribue un sens aux objets. Le sens de l'objet est par conséquent celui qui s'intériorise et devient un moyen de communication. L'intériorisation est la transformation sémiotique, à l'aide de l'activité, du sens dont sont porteurs certains instruments. Ces sens transformés deviennent par ailleurs les modèles de nouvelles formes d'activité extérieure: c'est le processus de l'extériorisation. Il faut noter que ces formes d'activité extérieure sont liées non pas à l'objet mais à son sens.

Par conséquent, un paramètre important de l'activité est son caractère médiateur. Comme nous l'avons déjà évoqué, cette notion a son origine chez Marx et Engels. Vygotsky a essayé de l'étendre aux systèmes des symboles (Marx et Engels se référaient aux instruments utilisés par l'homme pour intervenir dans la nature; Vygotsky, lui, se réfère aux systèmes de sens qui interviennent dans les fonctions cognitives de l'individu). Il a subtilement lié la notion d'instrument à celle de signe, qu'il considère comme influençant et transformant l'homme de la même façon que l'instrument transforme la nature[127]. Tout comme les systèmes des instruments, les systèmes des signes créés par les sociétés au cours de l'histoire changent selon la forme de la société et son niveau culturel. Vygotsky considérait que l'intériorisation des systèmes de signes culturellement produits transforme le comportement. Il a appelé les signes «instruments psychologiques» et il ne les a pas définis comme des constructions individuelles mais comme des constructions sociales. Selon lui, ils contrôlent le comportement comme les moyens techniques contrôlent la nature. Les «instruments psychologiques» sont les suivants: la langue, les systèmes

[127] Vygotsky, L.S. (1975), *Mind in Society. The Development of Higher Psychological Processes*, Cambridge, Massachusetts, London: Harvard University Press.

variés de numération, l'écriture, les schémas, les diagrammes, les cartes, toutes sortes de signes conventionnels, etc. Ainsi, parallèlement aux aspects physiologiques du comportement, nous devons reconnaître son aspect artificiel et instrumental. La relation entre les processus physiologiques et artificiels peut être restituée par le triangle ci-dessous (figure 2),

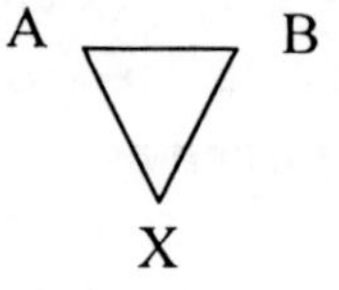

Figure 2. La relation entre les processus physiologiques et artificiels.

dans laquelle A et B sont deux stimuli et X «l'instrument psychologique» ou n'importe quel objet produit de l'activité humaine. A et B ne sont pas liés directement mais mémorisés à travers X.

Selon la théorie de l'interactionnisme social, le caractère instrumental de l'activité de l'individu et son insertion dans le système des relations sociales sont donc les éléments qui déterminent dans une large mesure les représentations mentales de l'homme. L'instrument est le moyen de rencontre des besoins et de l'objet, mais ceci par l'intermédiaire du réseau des relations sociales. En même temps, il constitue le lieu de l'activité historico sociale accumulée. Comme le notent Bronckart et Schneuwly[128], on peut concevoir dans la théorie de l'activité que l'interactionnisme social est constitué à la fois d'éléments microstructurels et macrostructurels de l'activité de l'individu, éléments qui en dernière analyse organisent les représentations mentales, et tout particulièrement le domaine de construction du système des références. C'est ce qui distingue l'interactionnisme social non seulement du béhaviorisme mais

[128] Schneuwly, B., Bronckart, J. P. (éds), (1985), *Vygotsky aujourd'hui*, Neufchâtel, Paris: Delachaux et Niestlé.

aussi de l'interactionnisme, et ce qui en fait une approche «psychologique» moins sujette aux critiques de Lagopoulos et Boklund[129]. L'interactionnisme social saisit dans un langage unitaire les processus intérieurs et extérieurs de l'activité, des actions, des énergies, des motifs, des objectifs et des données macrosociales.

L'application de cette approche en Psychologie de l'Environnement n'a pas été jusqu'à présent une direction épistémologique. L'absence de recherches et de débats nous a posé de nombreuses difficultés concernant l'introduction de notions et d'instruments méthodologiques pour analyser et interpréter le comportement spatial dans le cadre de cette approche. Notre problématique sur ce sujet nous a amenée à la conception d'une notion centrale, celle de l'activité socio spatiale stratégique, présentée de façon détaillée au prochain chapitre.

---

[129] cf. Lagopoulos, A., Boklund-lagopoulou, K. (1992), *Meaning and Geography. The Social Conception of the Region in Northern Greece*, Berlin-New York: Mouton de Gruyter. D'après les chercheurs l'approche psychologique se fonde presque exclusivement sur les caractéristiques de l'individu étudié tandis que le facteur social devient secondaire. Dans le cas pourtant de l'interactionnisme social le critère social en tant qu'élément micro et macrostructurel de l'activité de l'individu constitue l'axe principal de la problématique de la recherche en Psychologie.

Chapitre 9

Un nouveau concept pour l'étude de la relation enfant - espace : activité sociospatiale et représentation de l'espace

Dans les théories que nous venons de rappeler, le but et l'action instrumentale et communicationnelle constituent les principales composantes structurelles de l'activité, jouant un rôle particulier dans la construction de l'image de l'environnement.

L'étude du mode de construction de l'image de l'environnement bâti pose des problèmes que la recherche n'a pas envisagés dans les domaines scientifiques ayant pour objet la relation plus générale individu – environnement.

L'environnement bâti, produit de processus socio-économiques et culturels, devient un champ où s'inscrivent des valeurs et des modèles, un émetteur de significations liées à certains éléments de l'espace et à leurs relations syntaxiques. L'homme reçoit cette information et la reconstruit dans un cadre d'activités, passives ou actives, motrices, mentales, sociales et affectives, en relation directe ou indirecte avec l'espace lui-même.

La synomorphie entre la structure sociomatérielle et psychosociale est possible seulement dans le cas de l'activité sociospatiale stratégique[130] que nous allons définir ci-dessous.

---

[130] Tsoukala, K. (2001), *L'Image de la ville chez l'enfant*, Paris: Anthropos.

Avant de définir cette notion, nous allons nous référer à la relation que l'homme a entretenue avec l'espace au cours de différentes périodes historiques. Constructeur de son espace personnel, mais aussi constructeur de l'espace public à des époques précédentes, créateur de leur fonctionnement et de leur esthétique, l'homme avait une relation participative et active avec l'espace. L'espace, objet but de l'activité humaine et témoin des besoins et des désirs de l'homme constituait alors un champ familier et non étranger à l'homme, une composante structurelle de son activité, mentale et praticosensorielle. Cette relation a survécu dans certains espaces géographiques et dans certaines civilisations jusqu'à l'époque contemporaine, avec pour exemple caractéristique l'architecture populaire anonyme.

Plus tard, ce contact dialogique et direct est interrompu par l'intervention des spécialistes. La réalisation de l'œuvre s'éloigne de l'usager de l'espace, qui se transforme en spectateur des processus et des actes qui concernent le cadre matériel bâti de sa vie. Le rationalisme, établi par le mouvement moderne dans le domaine de l'espace architectural et urbain aussi, a entraîné une distinction radicale entre compétents et incompétents, spécialistes et usagers. Les valeurs architecturales du moderne sont confrontées aux «autres» valeurs, celles des œuvres du passé, confrontation qui prend les dimensions d'un conflit entre le rationnel et l'irrationnel, le moderniste et le traditionnel, l'efficace et l'inefficace, entre l'individu et le social. Dans le cas du mouvement moderne, il faut noter que l'individuel est remplacé par le social au nom d'une société plus démocratique aux valeurs mondiales et universelles. L'ambition des modernes ne se limite pas à l'aménagement de

---

Voir aussi, Tsoukala, K. (2000), «L'étude de la relation enfant - espace à travers les représentations cognitives» in *Villes en Parallèle*, Revue Scientifique du Laboratoire de Géographie Urbaine/Université Paris X, Nanterre et Tsoukala, K. (1997), «Systèmes d'activités, systèmes de lieux et image de la ville», Communication présentées au Colloque International de Sémiotique *L'espace dans l'image et dans le texte* (Urbino).

l'environnement bâti par la formulation de normes et par l'invention de mécanismes pour leur application. Les modernes, Le Corbusier en tête, recherchent la création de relations sociales à travers l'organisation même de l'espace. A un niveau macrosocial, le rationalisme de la modernité en architecture et en urbanisme n'a pas eu le résultat souhaité, c'est-à-dire la formation d'une société plus harmonieuse ni celle d'un environnement bâti présentant des qualités qui satisfont la nature et les besoins de l'individu.

Cet échec a provoqué des réactions dans les années 60-70 et fait naître de vives préoccupations relatives aux influences du «rationalisme» sur la qualité de vie des habitants. L'incapacité à limiter le phénomène dans la dimension économique de la production, de l'appropriation et de la gestion de l'espace a très souvent entraîné la formulation de contre-propositions, de caractère opportuniste et phénoménologique. Certaines analyses ont pourtant examiné la question sous un aspect socio-économique ; d'autres, qui ont étudié son aspect psychologique ont souligné l'importance qu'a pour l'usager son rôle participatif dans les phénomènes susmentionnés. La relation espace - usager est considérée comme une relation utopique et comme la conséquence inévitable des conditions socioculturelles, ce qui facilite l'acceptation de la forme de la relation qui domine aujourd'hui et qui lie l'espace aux spécialistes et non aux usagers. La conception de l'usager comme élément structurel actif dans les processus de construction de l'espace est donc jugée comme un produit pittoresque d'idéologies passées et non contemporaines.

Au-delà de cette polémique surtout idéologique, nous citerons les tentatives théoriques et les applications qui ont eu lieu pendant la période post-moderne. Le courant de la planification participative avait l'intention de rétablir la communication active de l'usager avec l'espace, communication ayant une valeur politique, sociale, culturelle et psychologique. D'autres tendances se tourneront vers les sciences sociales pour déterminer les besoins de l'usager et analyseront ses désirs et ses préférences à travers des parcours méthodologiques scientifiquement établis. L'usager est impliqué dans des processus de production et de gestion de l'espace de multiples façons, pour une meilleure relation de communication avec l'espace, privé et public. Même les courants dominés par la forme, comme celui de l'historicisme et de la sémiotique de l'espace, de la métaphore et du symbolisme, insistent sur le fait qu'ils établissent un canal direct de communication avec le sujet. Cette communication est obtenue grâce aux significations dont l'espace - objet (le cadre de l'action du sujet) est porteur et qui informent et stimulent affectivement l'individu.

Par conséquent, dans ces cas, le caractère instrumental de l'espace est renforcé. L'espace devient plus facilement reconnaissable et familier grâce aux messages qu'il émet, et qui sont directement liés à son histoire, à ses mémoires collectives ou individuelles, à son cadre culturel ; dans le cas de la planification participative et des emprunts à d'autres domaines scientifiques, l'homme s'approprie l'espace, reconnaissant dans ses éléments et sa structure les caractéristiques de sa propre identité, individuelle ou collective.

Dans ce cadre théorique, nous proposons la classification des activités sociospatiales sur le critère du type de l'implication du sujet et du but des actions effectuées: activités qui ont pour objectif l'espace où l'implication du sujet est active ou passive dans les processus de sa production et de sa gestion ; activités qui n'ont pas pour objectif l'espace et qui se déroulent simplement dans un espace cadre matériel de la pratique de l'individu. La pratique communicative du sujet avec d'autres individus ou groupes au cours de son activité spatiale semble également jouer un rôle important dans la perception de l'environnement bâti. Nous distinguons les activités dépendantes (celles qui se déroulent sous le contrôle et la surveillance d'autres individus) et les activités autonomes (celles où l'individu se déplace et agit de sa propre initiative et dans des conditions d'interactions sociales). Nous obtenons donc au total quatre catégories d'activités : activité spatiale stratégique, activité spatiale passive, activité stratégique et activité passive. L'activité spatiale stratégique a pour objectif la prise de décisions sur l'espace dans des conditions d'interactions sociales. Lorsque l'activité est dirigée vers des objectifs spatiaux fixés par d'autres individus, nous proposons le terme d'activité spatiale passive. L'activité stratégique et l'activité passive ne sont pas directement liées à l'espace mais elles s'y déroulent simplement. L'activité de l'individu est dite stratégique lorsqu'elle est dirigée vers des objectifs qu'il s'est lui-même fixés en fonction de ses propres intérêts et à condition qu'il puisse mettre ces plans d'action en accord avec le fondement de définitions communes avec d'autres participants ; elle est dite passive lorsque la participation de l'individu à l'activité est dictée par un tiers (figure 3).

	Orientation de l'activité	
Situation d'activité	*Activité orientée vers l'espace*	*Activité non orientée vers l'espace*
autonome	activité spatiale stratégique	activité stratégique
dépendante	activité spatiale passive	activité passive

Figure 3. Types d'activités sociospatiales.

L'application de l'interactionnisme social aux sciences de l'espace n'a pas suivi une voie claire. Théorie et expérience ont alterné et se sont alimentées l'une l'autre. Pour des raisons conventionnelles, nous développons ici la partie théorique, alors que les paragraphes suivants présentent la partie expérimentale et essayent d'établir un rapport et une comparaison avec d'autres recherches effectuées, ayant trait à ce sujet.

Chapitre 10

Activités et espaces dans des villes de grande et de petite taille

L'activité et son espace

Nous avons développé dans l'introduction la problématique sur la vie publique contemporaine et sur ses espaces dans les centres urbains. Dans la bibliographie des trois dernières décennies au moins, nous pouvons trouver la constatation de changements importants dans ce domaine, qui - comme on l'a souligné - sont dus à des évolutions économiques et technologiques. Les phénomènes économique et technologique influence les phénomènes culturels, et particulièrement les rythmes et les modes de la vie publique des individus, adultes et enfants. La première question qui se pose, quand on prend conscience du caractère de ces changements, concerne leur étendue et leur différenciation de lieu en lieu. Ces phénomènes touchent-ils les villes de petite taille ou même influencent-ils les villes qui ont un rôle secondaire dans les évolutions contemporaines? Quelle est la vie quotidienne des enfants dans les villes de grande et de petite taille en Grèce? Quelles sont leurs activités extrascolaires les jours où ils vont à l'école et les jours où ils n'y vont pas? Dans quelle mesure ces activités correspondent-elles aux besoins cognitifs, moteurs, sociaux et affectifs des enfants? Thermi[131] et Thessalonique[132], deux villes du nord de la Grèce, la première appartenant à la zone périurbaine de la seconde, fortement peuplée, ont constitué les lieux de notre recherche.

Nous avons commencé par l'enquête à Thessalonique. Les données ont été recueillies au moyen d'interviews. L'échantillon était constitué de 77 enfants âgés de 11-12 ans[133], alors qu'à Thermi, outre cette classe d'âge (93 enfants), nous avons interrogé aussi 63 adolescents de 15-18 ans. Le premier objectif de l'enquête à Thessalonique a été d'enregistrer les activités, indépendamment des espaces où elles se déroulaient. Ensuite, l'activité a été reliée à l'espace à différentes échelles spatiales. Le quartier, le centre-ville, la périphérie ont constitué les échelles d'espace dans lequel nous avons cherché à recenser les activités. Outre cette échelle urbaine, l'espace ouvert et fermé, public et privé ont constitué les notions instruments de classification et d'analyse des activités enregistrées: nous avons tenté de voir si dans ces échelles urbaines de l'époque contemporaine, certaines activités de caractère particulier sont

---

[131] Germanos, D., Tsoukala, K. (2000), «De la perception et évaluation de l'espace au projet. Interventions aux espaces publics ouverts de Thermi pour créer un environnement selon les besoins des adolescents» in K. Tsoukala (éd), *Architecture, Enfant et Éducation*, Thessalonique: Paratiritis; Germanos D., Tsoukala, K. (2000), "From space perception and evaluation to the design of environments for children. The example of Thermi" in *Revue Scientifique* de l'Ecole Polytechnique de Thessalonique, vol. 16, pp. 141-66.

[132] Tsoukala, K. (1993), «Morphoses verbales, métamorphoses spatiales. Le cas de la représentation de l'espace urbain chez l'enfant» in A. Mazis, K. Karaletsou (eds), *Environmental Metamorphoses. Builtscape, Landscape, Ethnoscape, Euroscape*, Actes du Congrès International de l'IAPS 12, Thessaloniki: Art of Text, pp. 350-57. Tsoukala, K. (2001), *L'Image de la ville chez l'enfant*, Paris: Anthropos.

[133] Deux critères - sociologique et spatial - ont été retenus pour différencier l'échantillon. Le sexe, l'origine sociale de l'enfant et ses pratiques dans le tissu urbain, le lieu de résidence (dans la partie centrale de l'agglomération, dans la partie ouest ou dans la partie est), la physionomie des quartiers d'habitation, la distance habitation / centre-ville sont les variables selon lesquelles les divers groupes de notre population ont été formés.

remarquées, justifiant leur entité spatiale à l'époque contemporaine. Nous avons également désiré observer les changements éventuels dans le rôle que l'espace public joue dans la vie publique de l'enfant, particulièrement celui de l'espace public ouvert.

Pour tous ceux qui ne connaissent pas les deux villes, une brève présentation est nécessaire. En commençant par Thessalonique, la ville la plus peuplée, nous présenterons ci-dessous ses caractéristiques démographiques, historiques et spatiales, en faisant les abstractions nécessaires pour que les informations contribuent à la compréhension des objectifs de la recherche et ne fatiguent pas le lecteur avec des éléments intéressants certes mais inutiles dans le cas présent. Cette description de la ville sera suivie de la présentation du déroulement et des conclusions des travaux expérimentaux que nous avons réalisés dans ce cadre sociomatériel. La référence à Thermi fera immédiatement suite, nous évoquerons son environnement matériel et ses représentations mentales telles qu'elles apparaissent à travers le discours et le dessin des enfants.

La ville de Thessalonique

Thessalonique, second centre urbain de la Grèce par sa population, est située au nord du pays (image 14, 16-18). Elle étend sa toile le long de la côte du golfe Thermaïque, offrant de cette façon à ses habitants un contact avec l'élément liquide et la possibilité de se déplacer aux limites de la terre et de la mer, d'un bout à l'autre de la ville, d'est en ouest. Son histoire débute au IVe siècle avant notre ère, laissant de nombreuses traces de son devenir et de ses vécus jusqu'au XIXe siècle[134].

[134] Sur l'histoire de la ville cf. Yérolimpos, A. (1985-86), *La Reconstruction de*

L'incendie de 1917 détruit une partie considérable de la ville et offre aux expérimentations urbanistes de l'époque encore un champ d'application. Un canevas orthogonal sera placé au-dessus de la terre brûlée, déterminant à nouveau le caractère de la ville jusqu'au début du XXe siècle, par des tracés qui auront lieu sous la direction de l'urbaniste français Hébrard (image 15). De grands axes et des carrefours donneront le caractère monumental recherché, alors que les bâtiments épargnés par l'incendie constitueront désormais des épisodes isolés dans un tissu urbain qui a chassé de sa mémoire ses anciennes structures.

Les deux axes verticaux de la ville romaine, l'axe A-D (Decumanus) et l'axe B -N (Cardo), sont conservés jusqu'à aujourd'hui et portent le nom de rue Egnatia et de rue Venizelos. A leur intersection se trouve l'Agora, qui couvre une étendue assez considérable du centre et crée ainsi un important foyer historique témoin de toutes les époques, texte unique pour l'identité du lieu. Plus à l'est, l'ensemble de Galère avec le palais, l'hippodrome, l'arc et la Rotonde, traverse verticalement la ville du nord au sud, autre narration de la période romaine. Dans la ville byzantine, les remparts (l'Acropole) et les églises marquent la mémoire de l'homme contemporain, symboles d'une civilisation qui, pendant onze siècles, s'y est développée. Les quatre siècles de la période ottomane, eux, offriront leurs propres marques de civilisation avec très peu de mosquées, des thermes et le marché ouvert (Bezesteni) qui sont conservés

---

Salonique en 1917. Un tournant dans la formation de la ville et l'urbanisme néohellénique, Thessalonique: Municipalité de Thessalonique. Cf. aussi: Dimitriadis, E.P., (1983), «Thessalonique: références à son développement urbain» in *Archéologie*, 7, pp. 102-108. Hassiotis, I.K. (éd.), (1997), *Thessalonique: Histoire et Civilisation*, Thessalonique: Paratiritis; Papagiannopoulos, A. (1982), *Histoire de Thessalonique*, Thessalonique: Rekos; Anastassiadis, A. (1982), *La Ville haute de Thessalonique*, Thessalonique: Paratiritis.

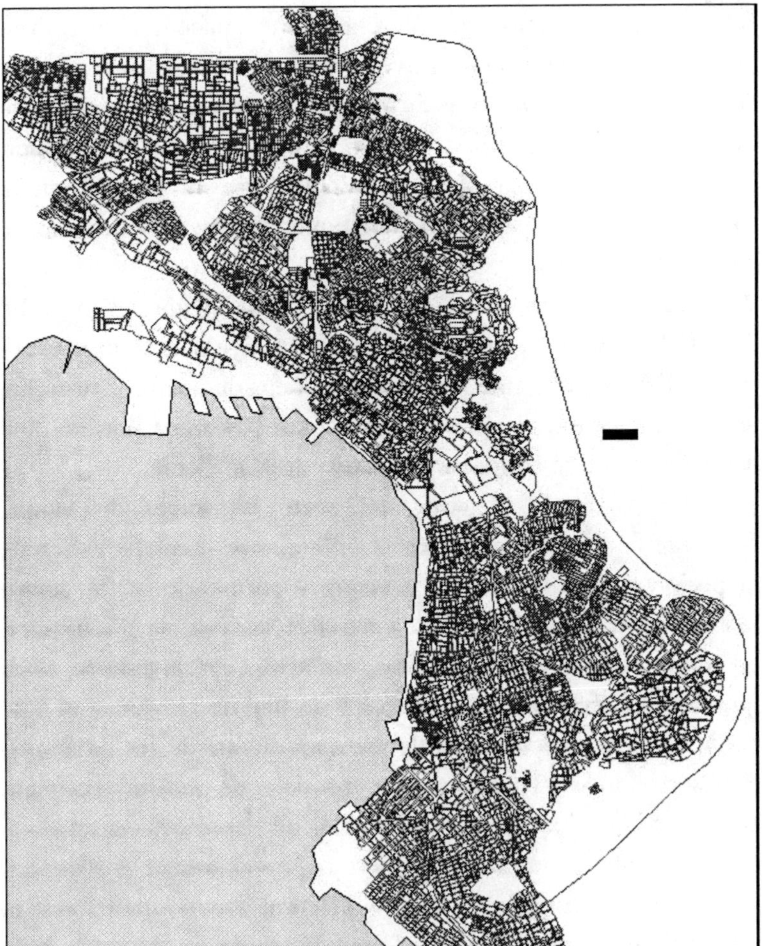

Image 14 : Carte de Thessalonique et ses municipalités.

jusqu'à nos jours. Le temps laissera néanmoins quasiment intacte la Ville Haute, création de cette époque, quartier d'habitation des colons turcs, avec des bâtiments de petite échelle, échantillons de l'architecture macédonienne, qui ultérieurement coexisteront avec les constructions des réfugiés des années vingt. Des rues étroites à forte pente créent un tissu dédaléen avec vue sur la mer et le paysage urbain. La mer, l'histoire et la topographie en amphithéâtre de Thessalonique sont les trois principales caractéristiques qui organisent l'espace mental de son visiteur.

Après les interventions qui ont été réalisées après l'incendie de 1917, l'axe de la rue Aristote, avec la place et la rue qui rejoint l'Agora romaine, constitue le coeur du centre historique, une ouverture intéressante de la ville sur l'élément liquide, lieu de référence et de mémoire collective du XXe siècle.

Cette partie de la ville, qui porte les traces du temps, constitue le secteur central de la ville autour duquel s'est créée la périphérie. Cette structure centre - périphérie où le centre rassemble des fonctions et des activités variées, de l'habitation au commerce, à l'administration, aux loisirs et à la culture, alors que la périphérie se limite surtout à un lieu de résidence et à de petits services nécessaires à la vie quotidienne de ses habitants, caractérise aussi Thessalonique. Modèle de redéveloppement des villes au cours du dernier siècle, elle crée des oppositions entre le centre et le tissu périphérique, condamnant le second à un caractère homogène, quasi indifférent fonctionnellement et morphologiquement, avec de fortes dépendances du cœur de la ville, de son centre. Cette différenciation touche également la stratification sociale et la constitution des deux secteurs ainsi que l'intérieur de la périphérie, créant deux zones, celles des arrondissements ouest et est. L'installation des unités industrielles dans les arrondissements ouest déterminera leur identité sociale.

D'après des travaux de recherche réalisés ces dernières années[135], les professions libérales supérieures, les cadres administratifs et les dirigeants se concentrent dans les secteurs du noyau historique du centre et du quartier de la Nouvelle Esplanade, à l'est du centre de la ville. Les autres professions libérales sont présentes dans les mêmes secteurs mais également dans les secteurs proches, au nord-est du centre. La répartition de la catégorie des employés de bureaux est relativement similaire, tandis que la catégorie des chefs de PME se concentre dans des secteurs limitrophes du centre (nord-ouest) ou de la périphérie est. La classe ouvrière est surtout localisée dans les secteurs ouest. Le contraste est net entre la partie est de la ville, qui regroupe les catégories des professions libérales, des directeurs, des cadres administratifs et des techniciens supérieurs et la partie ouest, où les classes moyennes sont presque absentes.

Image 15 : Plan de la ville réalisé par E. Hébrard en 1921

[135] Andrikopoulou, E., Kafkalas, G., Lagopoulos A.F. (1979), *Thessalonique: Recherche urbaine - critique de nouveaux plans et perspectives du développement de la ville*, Thessalonique: Paratiritis; Anastassiadis, A. (1994), «Programme pilote: Thessalonique, métropole des Balkans ». Programme des subventions des organismes compétents et de la Communauté Européenne concernant la rénovation et le développement du centre historique de Thessalonique (sous la direction de A.F. Lagopoulos).

Image 16. La zone littorale. Au fond, le port.

Les mêmes travaux de recherche, dans leur référence aux déplacements dans la ville, montrent que les individus qui se déplacent fréquemment de leur domicile au centre pour des activités de loisirs sont pour la plupart des habitants de la partie est, et rarement les habitants des quartiers excentrés de l'ouest. En ce qui concerne les déplacements pour les achats quotidiens, ils ont montré que le centre exerce un attrait sur les habitants des quartiers est mais non sur ceux des quartiers ouest. Malgré une desserte relativement bonne au niveau du quartier, qui ne rend pas obligatoires les déplacements vers le centre en vue d'achats de première nécessité, les habitants de la partie est se rendent fréquemment au centre-ville pour acheter des biens de consommation courante. La possibilité de déplacements rapides due à une bonne organisation des transports en commun mais aussi à la proximité spatiale des deux parties expliquent pour une part la fréquence observée de ces déplacements.

Ces recherches qui ont été réalisées dans les années 1970 donnent, vu sa fréquentation, l'image d'un centre pôle d'attraction pour des activités variées, notamment pour les habitants des arrondissements est. Des facteurs géographiques et socio-économiques pourraient interpréter ce phénomène. Notre propre travail de recherche sur les activités, et qui a pour sujet l'enfant et non l'adulte, a mis en évidence ces facteurs.

Image 17. Les murailles byzantines de la ville haute.

Au cours de ce bref intervalle qui nous sépare des années 1970, des changements sur la scène internationale qui semblent aussi influencer Thessalonique ont été notés. Le phénomène de la mondialisation remodèle les structures spatiales et les activités et par conséquent les comportements et les références sémantiques de ses habitants. Presque en dehors du tissu de la ville, à la limite du paysage rural et urbain, de nouveaux noyaux polyvalents créeront des épisodes spatiaux et fonctionnels en concentrant un nombre considérable d'individus, qui concurrenceront quotidiennement le centre-ville, «en vidant» de façon exagérée le secteur central économique et culturel de ses visiteurs. Ces nouveaux espaces publics que nous avons commentés dans la première partie de la présente étude créent une nouvelle conception de l'usage de l'espace urbain, des loisirs et du commerce, du contact social et de la communication. «Cybercafés», cinémas, restaurants et centres commerciaux coexistent dans la même enveloppe, indifférents à leur relation avec l'espace environnemental, à la ville, à ses particularités. Simultanément, les «cybercafés» et les

Image 18. La zone littorale. Au fond, la Tour Blanche.

espaces de discussion sur l'Internet envahissent non seulement le centre-ville mais aussi ses arrondissements périphériques. Le fonctionnement virtuel de l'existence humaine transforme l'espace public et privé, les données géographiques, urbanistes et architecturales mais aussi la notion même de temps.

Les activités des enfants à Thessalonique

Activités et réseaux d'activités

Nous avons étudié les pratiques des enfants dans l'environnement urbain en tant que pratiques isolées mais aussi en tant que pratiques intégrées dans un réseau d'activités. Ce réseau se réalise dans le temps et dans l'espace et témoigne de l'expérience sociale de l'enfant. A travers une telle approche, nous parviendrons à une connaissance des relations d'appropriation ou d'aliénation, d'exclusion ou d'insertion, des relations que l'enfant a avec «les autres» et l'espace, à de multiples niveaux. Les composantes des activités que nous avons examinées sont: le genre d'activité, la façon dont elle est réalisée (en ce qui concerne le mode de déplacement dans l'espace - autonome, dépendant - et le cadre des relations interpersonnelles dans lequel elle se réalise), la fréquence de son déroulement, l'espace dans lequel elle se déroule, sa relation avec d'autres activités (son appartenance à des systèmes d'activités) et son insertion dans le système d'espaces correspondant aux systèmes d'activités, ainsi que sa relation avec l'espace au niveau de ses objectifs (implication de l'espace dans les objectifs de l'activité de l'enfant).

C'est dans cette dernière composante que se situe la principale différence de notre recherche avec des études qui envisagent le système des activités comme une optique d'approche du phénomène de la construction de l'image de l'environnement bâti. Les caractéristiques microstructurelles de ces activités échappent à leur optique, ce qui appauvrit la logique interprétative de la recherche de données essentielles pour le phénomène étudié. Des études effectuées surtout par des géographes, alors qu'elles soulignent l'importance non seulement du type d' activités mais aussi de leurs rapports et de leur interdépendance négligent le poids de leurs caractéristiques microsociales et psychologiques (but, motifs) ainsi que leur relation avec l'espace. Rapoport[136] par exemple souligne dans ses travaux le rôle du système des activités dans les phénomènes de perception de l'espace. Il l'associe avec la notion de systèmes d'espaces[137] (lieux de développement des activités) qui acquiert une importance particulière dans ses théories. Il soutient que les activités sont organisées de façon variée et complexe dans l'espace et dans le temps, et qu'elles sont, en d'autres termes, directement liées à la culture. Mais, lorsque Rapoport se réfère aux systèmes d'espaces, il se réfère

136 Rapoport, A. (1990), "Systems of activities and systems of settings" in S. Kent (ed.), *Domestic Architecture and the Use of Space*, Cambridge: Cambridge University Press, pp. 9-20.

137 Le terme «systèmes d'activités» a été utilisé beaucoup plus tôt par Chapin et d'autres qui soutenaient qu'il ne devait pas se confondre avec l'usage du terrain. Mais bien qu'ils aient établi cette distinction, il leur était alors impossible de définir la notion de façon satisfaisante. Dans un article publié avec Hightower, Chapin définissait les systèmes d'activités comme les modèles du comportement des individus, des familles, des établissements et firmes, qui présupposent la répartition dans l'espace. Il distinguait trois catégories de systèmes liés à l'utilisation du terrain: ceux des entreprises, ceux du gouvernement et d'autres institutions, et ceux des familles. Il a concentré son intérêt sur la dernière catégorie, qu'il a étudiée surtout en relation avec le temps d'exercice des activités, avec les préférences des individus, et avec le critère culturel de leur choix. Le temps était considéré comme une ressource que l'homme repartit selon ses besoins: besoins fondamentaux (sommeil, alimentation...), extensions culturelles des besoins fondamentaux (travail, achat de biens...), besoins dictés par le système social (visites, compagnies...), et besoins variés provenant des loisirs et des habitudes de l'individu (lecture, jardinage, repos...). Le temps était également considéré comme facultatif ou obligatoire, et ainsi était reconnue la possibilité de choix ou non des activités. Cependant ce facteur semble moins sensible que les dimensions sociales du choix des activités. cf. Chapin, F.S., Hightower, H. (1965), "Household activity patterns and land use" in *Journal of the American Institute of Planners*, XXXI: 3, pp. 222-31.

essentiellement aux systèmes des *sites comportementaux* (*behavioral settings*). Il s'agit d'une notion introduite en psychologie de l'environnement par Barker[138], et qui signifie l'unité environnementale qui influence le comportement par le biais des règles. Rapoport ajoute à la définition de Barker l'origine culturelle de cette unité environnementale, ainsi que des règles qui y sont appliquées.

La culture devient l' «hyperfacteur» régulateur du comportement spatial de l'homme et la dynamique sociale qui se déclare avec la présence active de l'individu, s'affaiblit. Plus près de notre approche est la méthode utilisée par Bonnes[139] dans sa recherche sur la relation entre l'homme et l'environnement urbain: elle associe les activités non pas au *site comportemental* (*behavioral setting*) mais au *lieu*. Bonnes, se référant aux définitions données du lieu par Canter[140], Russel et Ward[141] (Canter, tout d'abord, le définit comme l'unité d'espace à laquelle nous sommes liés par nos expériences, comme l'espace physique qui a comme composantes les activités de l'individu, ses évaluations et ses qualités naturelles; Russel et Ward, quant à eux, définissent le lieu comme l'unité psychologique de l'espace géographique), soutient que l'utilisation du terme lieu permet d'une part de voir l'environnement autrement que comme un simple stimulus dénué de sens, et d'autre part de saisir le comportement humain comme mentalement actif initialement et dirigé vers un

---

[138] cf. Barker, G.R. (1968), *Ecological Psychology: Concepts and Methods for Studying the Environment of Human Behavior*, Stanford: Stanford University Press.

[139] Bonnes, M. et al. (1990), "The city as a multiple-place system: an analysis of people-urban environment transactions" in *Journal of Environmental Psychology*, 10:1, pp. 37-65.

[140] Canter, D. (1977), *The Psychology of Place*, London: Architectural Press. Du même auteur: 1983, "The purposive evaluation of places: a facet approach" in *Environmrnt and Behavior*, 15, pp. 659-98.

[141] Russel, J.A., Ward, I.M. (1982), "Environmental Psychology" in *Annual Review of Psychology*, 33, pp. 651-88.

but. Bonnes mentionne que les activités n'ont pas été suffisamment étudiées comme système, c'est à dire à travers les relations qui les lient. D'ailleurs, c'est aussi le cas de l'étude des lieux: le lieu a été étudié en tant qu'unité isolée, et non comme élément d'un réseau plus vaste, qui se caractérise par des relations d'insertion et d'exclusion de ses membres. Bonnes propose l'examen des relations créées entre les lieux, mais aussi de celles créées à l'intérieur de tout lieu. Elle considère la ville comme un supralieu et le quartier comme un infra lieu. Comme elle le souligne, les études déjà effectuées font soit une simple description et classification des lieux selon les activités qui y apparaissent le plus fréquemment (ressemblances entre les individus), soit s'occupent des différences dues à des facteurs sociaux ou à des facteurs proprement psychologiques (régionalisme vs cosmopolitisme, moderne vs traditionnel, etc.). Ce qui n'a pas encore été étudié, ce sont les relations entre les lieux. Bonnes soutient que ces relations influencent le comportement que les individus adoptent dans chaque lieu pris séparément et dans la totalité de l'espace. Le terme de «*urban pragmatics*», qu'elle propose comme outil d'analyse du comportement, manifeste le caractère organisé et dirigé vers un objectif des activités individuelles qui prennent place dans l'environnement sociophysique.

Dans les recherches citées ci-dessus, les phénomènes sociaux et économiques ne sont pas considérés à un degré tel qu'ils contribuent à l'interprétation du comportement spatial. Si nous voulons traiter efficacement les composantes sociales de la représentation de l'espace dans le projet urbain, nous devons d'une part considérer l'espace bâti comme un espace ayant les dimensions sémiotiques que lui donne sa production sociale, et d'autre part, prendre en compte les caractéristiques socioculturelles de l'individu et le caractère instrumental et social de ses activités. Rapoport et Bonnes, quant à eux, s'ils reconnaissent la dimension sémiotique de l'espace et l'utilisent bel et bien comme outil d'analyse, produisent cependant l'un et l'autre une analyse de l'activité qui ne peut pas assurer la délimitation objective des besoins et des tendances de la dynamique sociale.

Notre intention[142] était de lier les activités - type, objectif, lieu, insertion dans un système d'activités et d'espace, besoins, motifs - à des facteurs socio-économiques et dans le même temps de concentrer notre attention sur l'espace en l'examinant comme champ d'activité dans le cas de sa liaison directe ou non avec l'objectif fixé.

Nous avons étudié ces caractéristiques de l'activité de l'enfant et des lieux de leur déroulement à l'aide d'un questionnaire. Nous avons ensuite tenté d'interpréter à travers ces données traitées selon les variables sociales de la recherche (classe sociale, niveau d'instruction des parents, place sociogéographique du domicile etc.) les différences entre les cartes mentales que nous avons demandé aux enfants de dessiner. L'analyse des classifications générales des données (sans qu'elles soient traitées sur la base des variables de la recherche) a produit les résultats suivants: Les activités des enfants ont été classées soit en activités éducatives (dans celles-ci sont incluses des activités parascolaires telles que les cours de langues étrangères, les arts figuratifs, les cours de musique et de danse dans des écoles spécialisées), soit en activités culturelles (oeuvres cinématographiques, théâtrales, concerts, visites de musées, expositions, bibliothèques, etc.), soit en activités sportives (en ce qui concerne les sports organisés). Le jeu libre a constitué une quatrième catégorie d'activités, au même titre que la promenade, les achats ou les visites chez des amis et des parents. Trois degrés ont été distingués dans ces activités: fréquent (au moins une fois par semaine), espacé (pas plus d'une fois par mois), rare (pour celles qui ont un rythme peu fréquent). Les lieux d'activités ont été classés dans les

142 Tsoukala, K. (2001), *L'Image de la ville chez l'enfant*, Paris: Anthropos.

catégories suivantes: le quartier de l'enfant, le centre de la ville, d'autres quartiers de la périphérie, le domicile de l'enfant, le domicile de ses amis. Deux modes de déplacement utilisés par les enfants pour se rendre sur leurs lieux d'activités ont été retenus: à pied ou en voiture. Le cadre social des activités, quant à lui, a été évalué sur 3 niveaux: avec des adultes (activités qui se font sous la surveillance et l'accompagnement d'adultes), avec des amis (activités où l'enfant se déplace et agit avec d'autres amis indépendamment des adultes), et seul (l'enfant n'est accompagné ni par des amis ni par des adultes). Enfin, la relation des activités à l'espace a été évaluée sur deux niveaux: les activités qui incluent dans leurs buts l'espace lui-même (son exploration, son organisation, etc.) et celles qui l'utilisent comme le simple cadre matériel de leur déroulement.

Les activités dans la ville

L'étude des activités sur un plan général, avant même de nous intéresser au lieu de leur déroulement et à leurs autres caractéristiques, nous a montré que sur l'ensemble des références à des activités faites par les enfants de l'échantillon, 26% concernent le jeu, 25% l'éducation, 21% la promenade, et 12% les activités sportives. Les références aux autres activités sont très limitées. Il faut noter ici que les références au jeu concernent surtout le jeu moteur spontané (course, jeu de ballon spontané, jeux traditionnels) qui se déroule dans les espaces proches du domicile de l'enfant, dans des espaces verts, dans des espaces de jeux traditionnels ou dans la rue. L'exploration, citée également par les enfants, apparaît comme une activité étroitement liée à l'espace lui-même. Son rôle est souligné par Torell et Biel[143] qui lient la taille de la zone urbaine représentée

[143] Torell, G., Biel, A. (1985), "7 parental restrictions and children's acquisition of neighbourhood knowledge" in T. Gärling, J. Valsiner (eds), *Children within Environments*, New York: Plenum, pp. 107-18. Voir aussi: Torell, G. (1990), "Children's conception of large scale environments" in

au paramètre de familiarité, qu'ils considèrent non comme un résultat de la durée du contact de l'enfant avec les lieux mais comme résultat du degré d'exploration du lieu par l'enfant.

Ce genre de jeux, ainsi que la promenade que l'on peut considérer comme une activité sociale de l'enfant, constituent les activités développées dans l'espace ouvert, public de la ville. C'est par le biais de ces activités que l'enfant entre en contact avec le monde environnant, le saisit et construit sa réalité subjective.

Ces catégories d'activités ne semblent pas être considérablement influencées par les caractéristiques particulières des enfants (sexe, origine sociale) et par le facteur sociogéographique de leur domicile. Nous notons simplement que le sexe traduit les préférences accrues des garçons pour les activités sportives mais aussi la plus grande attirance des filles pour des activités culturelles extrascolaires. Ces dernières apparaissent plus nombreuses dans le cas d'enfants d'origine sociale élevée (parmi les références aux activités éducatives, 30% sont faites par des enfants dont les parents sont cadres et de profession intellectuelle supérieure, 25% par des enfants dont les parents exercent des professions intermédiaires, et seulement 16% proviennent d'enfants dont les parents sont employés - ouvriers).

Aucune différence significative directement liée au lieu de résidence n'est apparue. Des différences pouvaient être attendues dans le comportement des enfants au niveau des activités culturelles et de loisirs, différences liées à la distance du lieu de résidence au centre de la ville où ces activités se développent, ainsi qu'à leur origine sociale (niveau socioprofessionnel des parents, niveau d'instruction). Nous avons déjà évoqué le fait que les enfants, d'une manière générale, se réfèrent très peu à des activités de ce type. Dépendantes dans une large mesure du

---

Géteborg Psychological Reports, vol. 20, n° 2. Du même auteur, (1990), "The acquisition and development of environmental cognition in children" in *Géteborg Psychological Reports*, vol. 20, n°. 1, pp. 1-23.

temps libre et des choix des parents, les activités de loisirs des enfants de cet âge se développent surtout dans l'espace du domicile (lieu personnel d'habitation de l'enfant ou domicile de ses amis) et du quartier. D'une part, l'accélération du rythme de travail des parents, qui est lié à leur temps libre et de l'autre, la montée de la violence dans la ville, mettent des obstacles à l'activité de l'enfant dans l'espace public, en lui ôtant la possibilité de profiter de sa variété, de sa richesse en événements, de la stimulation apportée par une atmosphère intense. Dans cette enquête, ces facteurs semblent atténuer l'influence de la classe sociale sur la présence de l'enfant dans l'espace public de la ville, rôle qui est mis en avant par d'autres enquêtes qui ont eu lieu antérieurement.

Cette variété s'adresse cependant le plus souvent à de plus grands âges, puisque la ville contemporaine n'a pas été conçue pour les enfants. Le projet urbain n'a pas pris en considération les besoins et les «passions» de l'enfant dans leur multiplicité, ni la perspective de son intégration dans la ville et de sa participation à la vie urbaine. Cet aspect sera discuté dans les chapitres suivants.

Les activités intraspatiales

Les activités dans le quartier

L'étape suivante de l'analyse, celle des activités intraspatiales, ne nous réserve pas de surprises. Les données qui concernent le quartier nous permettent de constater que l'activité éducative parascolaire occupe une place importante parmi les activités de l'enfant. Viennent ensuite le jeu et le sport, tandis que les autres types d'activités sont presque absents de la vie de l'enfant. Les jeux qui se distinguent ici sont les mêmes que ceux précédemment cités: Le jeu moteur spontané et l'exploration constituent les deux catégories de l'activité ludique. Ce fait montre l'absence de stimuli provenant de l'environnement physique capables de motiver l'enfant et de lui créer des conditions d'action. On observe aussi que les activités dans le quartier de résidence de l'enfant ne se différencient pas selon le caractère central ou périphérique des espaces urbains. L'enfant passe une partie importante de son temps libre dans des espaces fermés, où il suit des cours complémentaires à ceux dispensés à l'école (langues étrangères, musique, arts). Par ailleurs, le domicile est convenablement équipé pour répondre aux exigences de la culture de l'image de notre époque et il offre le plaisir des jeux - vidéo, détachant l'enfant non seulement de l'espace public du quartier mais aussi du microenvironnement social de «ses amis». La présence d'«autres» enfants chez lui ne garantit pas la satisfaction des besoins sociaux de l'enfant. La communication avec les autres est «indirecte», se faisant par l'intermédiaire de l'image qui monopolise dangereusement le temps et les «efforts» de l'enfant pour son évolution sociale et mentale. Le jeu moteur spontané absorbe le temps restant, tandis que les autres formes de loisirs sont presque étrangères à la vie de l'enfant.

Le sexe et l'origine sociale différencient encore une fois les taux, le premier reliant les activités sportives surtout aux garçons et la seconde associant les activités éducatives parascolaires aux couches sociales les plus aisées.

Les activités dans le centre

Le traitement des données qui concernent les activités des enfants dans le centre de Thessalonique a montré que la promenade était la pratique du taux le plus élevé des enfants (51%). La fréquence de référence au jeu en plein air (14%), aux achats (14%) et aux activités culturelles (9%) est beaucoup moins élevée. Les références aux autres activités sont encore plus limitées. Le centre est surtout un lieu de promenade. Son espace culturel et commercial reste un espace inconnu pour la majorité des enfants.

Cette constatation est un indice du degré d'intégration de l'enfant dans la ville. Intégration, qui, comme nous l'avons déjà évoqué, dépend des rythmes de travail accélerés des parents, de leur appartenance à des groupes socio-économiques ainsi que des nouvelles formes de la culture contemporaine. Par ailleurs, malgré la richesse de ses informations et sa vie sociale évoluée, la ville n'est pas intégrée dans les programmes de l'enseignement primaire. L'école reste bien enfermée dans son propre terrain, ignorant la richesse des stimuli offerts par son espace environnant. La ville pourrait fonctionner comme champ d'éducation et non pas seulement comme un espace cadre matériel de la vie de l'enfant.

L'urbanisation effrénée des dernières décennies entretient aussi un lien incontestable avec cette rupture. Les zones urbaines qui se sont multipliées et densifiées ont créé des distances entre le centre et la périphérie transformant le centre en un lieu difficilement accessible pour la majorité de la population urbaine. L'analyse des données a fait apparaître des différences dans l'activité ludique des enfants, liées à la distance du lieu de résidence au centre. Le centre devient naturellement un lieu de jeu pour les enfants qui habitent dans le centre et ceux des quartiers est et ouest, qui se trouvent à faible distance du centre. Pour ces enfants, le centre suscite davantage de références aux activités ludiques parce qu'il est le quartier de leur résidence. Il faut noter ici la faible fréquence des activités effectuées dans le centre de la ville par les enfants qui habitent dans des quartiers périphériques. Ces activités se répètent après de longs intervalles de temps. Le centre, partie la plus importante du tissu urbain en raison de la complexité des stimulations et des activités qui y prennent place, demeure par conséquent «inconnu» pour certaines catégories d'enfants. C'est la banlieue, espace homogène, défavorisé fonctionnellement et symboliquement, qui absorbe presque tout le temps libre de ces enfants en organisant leur vie dans leur lieu de résidence et dans leur environnement proche.

La véritable ampleur des répercussions d'un tel phénomène sur la vie et le développement de l'enfant a été abordée par un grand nombre de chercheurs. On a à maintes reprises mis l'accent sur le fait que l'espace n'est pas donné d'avance à l'enfant. L'espace est à explorer et à produire avec nos sens et notre perception. L'enfant a besoin d'un environnement qui constitue une source de développement et non pas une simple condition de sa vie urbaine.

La rupture qui se produit avec certains découpages spatiaux conduit à des contraintes liées directement au développement intellectuel et social. L'expérience urbaine morcelée, individualiste, moins socialisante et fortement conditionnée offerte à l'enfant aujourd'hui a des répercussions négatives sur son vécu et son développement. L'accessibilité géographique, la disponibilité en temps, l'installation et l'organisation des équipements, les attitudes vis-à-vis du jeu doivent être révisées puisqu'elles conditionnent en premier lieu l'appropriation de l'espace urbain par l'enfant.

Les activités dans la périphérie

L'examen des activités des enfants dans la périphérie nous a permis de constater que celle-ci, espace homogène et peu stimulant sur le plan des activités ne devient pas un champ d'action pour l'enfant. Les références aux activités concernent les visites espacées chez des parents ou des amis. Le développement des activités dans l'espace de la ville est donc fortement dépendant du caractère central ou périphérique des différents secteurs spatiaux, c'est-à-dire du caractère historique, culturel, social et économique du tissu urbain.

De l'intraspatialité à la transpatialité des activités

L'analyse transpatiale des activités qui lient les activités intraspatiales décrites ci-dessus a révélé 4 types d'activités transpatiales. Certains types comprennent les trois lieux (quartier, centre, périphérie), d'autres, deux (quartier/périphérie, centre/périphérie) ou un seul d'entre eux (c'est alors le quartier). Ces types d'activités mettent en avant le lien qui existe entre l'activité qui se déroule dans le quartier (quelle qu'elle soit) et d'autres qui prennent place au centre-ville ou dans la périphérie.

Le type «quartier» montre que les activités des enfants se limitent au quartier. La ville, en tant que lieu d'action de l'enfant, se rétracte à l'échelle du quartier. L'espace attenant au lieu de résidence s'identifie à l'espace de vie de l'enfant, se liant au vécu à partir d'activités telles que le jeu, le sport, l'éducation, les contacts sociaux, la promenade. Cette différence entre l'échelle de l'espace vécu et l'échelle de la ville a été observée chez un petit nombre d'enfants. Il s'agit d'enfants qui habitent surtout dans la périphérie ouest de la ville, dans des endroits très éloignés du centre. Sur l'ensemble des enfants des arrondissements ouest, 19% pratiquent ce type d'activités transpatiales. De plus, un très faible pourcentage d'enfants (4%) qui habitent dans la périphérie ouest de la ville déclare qu'il développe ses activités dans le quartier et dans d'autres zones périphériques (catégorie «quartier/périphérie»), les taux qui appartiennent à la catégorie «quartier/centre/périphérie» sont encore plus bas. Dans ce cas, l'espace des activités des enfants comprend, outre le quartier, le centre-ville et la banlieue. Il est intéressant de noter que dans le cas de ces enfants, la banlieue est vécue dans sa dimension sociale et est réduite à la résidence des amis (visites), alors que le centre est vécu comme lieu de loisirs.

La plupart des enfants appartiennent au type «quartier/centre». Il s'agit d'enfants dont les activités se développent dans le quartier et dans le centre de la ville. Le centre n'est pas vécu de la même façon par tous. Pour le plus grand nombre d'entre eux, soit 50% de l'ensemble des enfants habitant en banlieue, le centre est un espace de promenade, autrement dit un espace sans usage particulier. Pour les autres, le centre est vécu soit à travers ses différentes fonctions -commerciale 17%, culturelle 14% ou éducative 6%, soit en tant qu'espace de jeu (8%). Le temps s'avère être une dimension importante dans la pratique des enfants dans l'espace. La fréquence avec laquelle ils visitent le centre constitue un paramètre significatif d'appropriation et de connaissance de l'espace. Nous avons déjà évoqué le fait que sur l'ensemble des déplacements qui sont effectués de la périphérie vers le centre, 40% le sont très occasionnellement, et 36% se font de façon très espacée (faible occurrence). Le temps et la forme d'utilisation de l'espace (cadre communicationnel de l'activité, son caractère autonome ou dépendant des adultes), qui sont des indicateurs fondamentaux de la relation de l'enfant avec l'espace, manifestent dans ce cas précis une relation trop faible pour garantir la construction d'une image du centre de la ville riche en éléments et en sens.

De l'activité dans l'espace à l'activité sociospatiale stratégique

Le «paysage» de ces paramètres et indicateurs du comportement spatial des enfants a été complété par l'analyse des activités sociospatiales. Nous devons rappeler que ce terme traduit ici l'implication de l'espace dans les buts de l'activité sociale de l'enfant. Il y a des activités qui n'impliquent pas l'espace dans leurs objectifs, mais se limitent à les contenir (et dans ce cas l'espace est le «récipient» de l'activité), et celles où l'espace constitue une partie intégrante de leurs objectifs et fonctionne comme objet mobile pour l'enfant et non pas comme simple cadre matériel pour le déroulement de son activité. Nous avons appelé la première catégorie «activités passives sociospatiales» et la seconde «activités stratégiques sociospatiales».

Quand les objectifs d'une activité sont liés à des raisons sociales ou autres, l'activité est classée dans la première catégorie. Quand les objectifs sont liés à l'espace lui-même (exploration de l'espace, connaissance de l'espace), elle est alors classée dans la seconde catégorie. Cette distinction s'avère particulièrement pertinente pour les activités qui se manifestent dans la partie centrale de la ville, qu'il s'agisse des activités des enfants qui y vivent ou de celles des enfants qui habitent dans les parties périphériques. Les données de la recherche nous permettent de constater que les activités effectuées dans le centre-ville par les enfants qui habitent les quartiers périphériques appartiennent à la catégorie «activité sociospatiale passive». Au contraire, 62% des enfants qui habitent dans la partie centrale de la ville et dans des quartiers proches développent une activité spatiale stratégique. Les enfants qui habitent au centre peuvent se déplacer seuls, sans le contrôle des adultes. L'espace devient dans ce cas-là un objet d'exploration. Au contraire, la distance centre/périphérie et le manque d'espaces appropriés aux enfants dans le centre, en font un espace étranger pour les enfants qui habitent dans les quartiers périphériques.

Mode de vie, cadre sociospatial et réseaux d'activités

Nous avons remarqué que les activités dans l'espace public sont très limitées non seulement en nombre, mais aussi en temps. Cette remarque vaut d'autant plus pour les activités qui se développent dans l'espace public ouvert de plein air. L'espace intérieur des domiciles de l'enfant et des amis absorbe une part considérable du temps extrascolaire de l'enfant qui pratique, individuellement ou collectivement, des activités électroniques virtuelles. Les activités qui dominent, comme nous le verrons dans l'exemple de Thermi chez les adolescents, sont relatives à un nouvel usage des espaces publics fermés, ceux des «cybercafés». Ces derniers sont une sorte d'antichambre à l'accès de l'adolescent aux sites de communications par Internet, aux espaces publics virtuels qui envahissent le monde fictif contemporain. Revenons cependant aux cas des enfants de Thessalonique. Une première constatation est celle de la forme électronique de l'activité qui rive l'enfant à l'écran, en le limitant à des espaces privés fermés. Et même, lorsque la référence au jeu ne concerne pas le jeu vidéo mais d'autres formes de jeu, celui-ci est surtout relié à des espaces fermés - les domiciles de l'enfant ou des amis - et non pas à l'espace public. Le quartier, en tant qu'unité spatiale ayant une connotation sociale de type «familial», prolongement de l'habitation, n'est pas vécu passivement. Cet espace public, qui a commencé à perdre son identité pendant la période du modernisme avec les changements dans le secteur de l'économie et leurs répercussions sur le mode de vie et dans la conception urbaniste de l'organisation de l'espace, conserve peut être certaines de ses caractéristiques dans des quartiers de la périphérie qui se rapprochent en tant que structure et contenu de l'espace des villes de petite taille. Mais, même dans ces cas, la fréquentation sociale dans des espaces fermés l'emporte nettement dans l'échantillon de la recherche. Une autre constatation à noter est le changement du rôle du centre-ville dans la vie publique des enfants. Cela renforce la remarque sur le changement du rôle de l'espace public en général, de forme «traditionnelle» ouverte ou/et fermée dans la vie publique contemporaine. La centralité du noyau historique, culturel et commercial de la ville semble céder sous le poids des changements socio-économiques et ceux du mode de vie des individus. Des changements dans la famille[144], dans les rôles

---

144 Anastassiadis, A., Tsoukala, K. (2004), «Évolution de la population et de l'habitat en Grèce» in C. Bonvalet, D. Arbonville, *Lieu familial, urbanisation et habitat*, Paris: Institut National d'Etudes Démographiques. Voir aussi: Glytsos, N. et al. (1995), *La Société grecque à la fin du 20ème siècle*, Athènes: Papazisis (direction de la recherche G. Tapinos, G. Kondogiorgis); Geogas, D.(1998-99), «Dimensions psychologiques de la famille moderne», dans la revue *Recherches Sociales*, Famille moderne: Approches

des sexes, dans la composition de cette unité sociale, dans le travail de ses membres, la crise des collectivisations et des modèles de comportements jusqu'alors dominants, ne sont pas sans modifier l'espace de la ville, les vécus de ses habitants, leurs mémoires spatiales. Le centre n'est plus désormais l'espace de loisirs par excellence de l'enfant et de son environnement familial. Il demeure en tant que centre dans leur perception, surtout en tant que symbole historique, et d'ailleurs c'est ce rôle que jouent les restes des remparts et des bâtiments anciens qui nous rappellent l'époque de la fondation de la ville.

Le contact culturel surtout avec le centre-ville et le contact affectif avec la zone plus large de l'habitation, scellent la relation de l'enfant avec la ville où il vit et se déplace quotidiennement.

Certaines formes de jeu survivant jusqu'à aujourd'hui dans des quartiers de la ville peuvent, comme l'a montré la recherche (nous nous référons précisément à «l'exploration de l'espace» constatée sous des conditions de mouvement et d'action autonomes de l'enfant dans l'espace et sous des conditions d'interactions sociales) constituer un objet d'étude particulière pour confirmer les hypothèses de départ de la recherche qui concernent le rôle de l'activité sociospatiale stratégique dans la relation personnelle que l'enfant développe avec l'espace.

La ville de Thermi

La ville de Thermi se trouve à peine à 15 kilomètres au sud-est de l'agglomération de Thessalonique (image 19-21). Ville agricole de réfugiés à l'origine, elle s'est transformée rapidement en ville

---

interdisciplinaires,volume A'-B'; Maloutas Th., (1990), *Athènes, logement, famille*, Athènes: Exantas; Moussourou, L. (1985), *Travail des femmes et Famille en Grèce et ailleurs*, Athènes: Estia; Mousourou L. (1989), *Sociologie de la famille moderne*, Athènes: Gutenberg.

importante de la zone périurbaine de Thessalonique[145]. L'augmentation impressionnante de sa population ces dernières années - elle a aujourd'hui environ 20.000 habitants - est due à l'installation des habitants de Thessalonique dans la commune de Thermi, motivée par la recherche de meilleures conditions environnementales de vie à un moindre coût. Cette forte tendance de l'urbanisation de Thermi a également influencé la structure de l'emploi. On remarque une baisse considérable des travailleurs dans le secteur primaire et une augmentation du taux des salariés dans le secteur tertiaire, aussi bien en raison de l'augmentation du nombre des emplois dans le tertiaire dans la région à l'est de Thessalonique qu'en raison de l'installation à Thermi de foyers issus des couches urbaines moyennes, employés dans le secteur tertiaire dans l'agglomération de Thessalonique.

La présence ininterrompue de l'homme de l'époque néolithique à l'époque byzantine donne aujourd'hui à la ville un intérêt archéologique et historique particulier. L'époque néolithique, l'âge du bronze et du fer et les années hellénistiques ont laissé des traces de leur civilisation qui s'est développée sur ces parties du territoire et qui, aujourd'hui, se distinguent dans l'espace environnant par leur altitude (remblais). Cette étendue archéologique peut fonctionner comme un musée en plein air, plaçant Thermi comme espace culturel et éducatif à une échelle supralocale.

La qualité écologique de la partie nord-est de la ville est remarquable. Avec pour caractéristiques son torrent, son barrage, ses pentes douces et accessibles ainsi que son champ optique ouvert jusqu'au golfe thermaïque, cette région revendique le rôle de parc de loisirs non seulement pour les habitants de Thermi mais aussi pour les habitants des alentours.

---

[145] Tsimbidou-Avloniti, M. (1997), *Thermi. Histoire et Civilisation*, Municipalité de Thermi (Entreprise Municipale pour le Développement Touristique et Culturel).

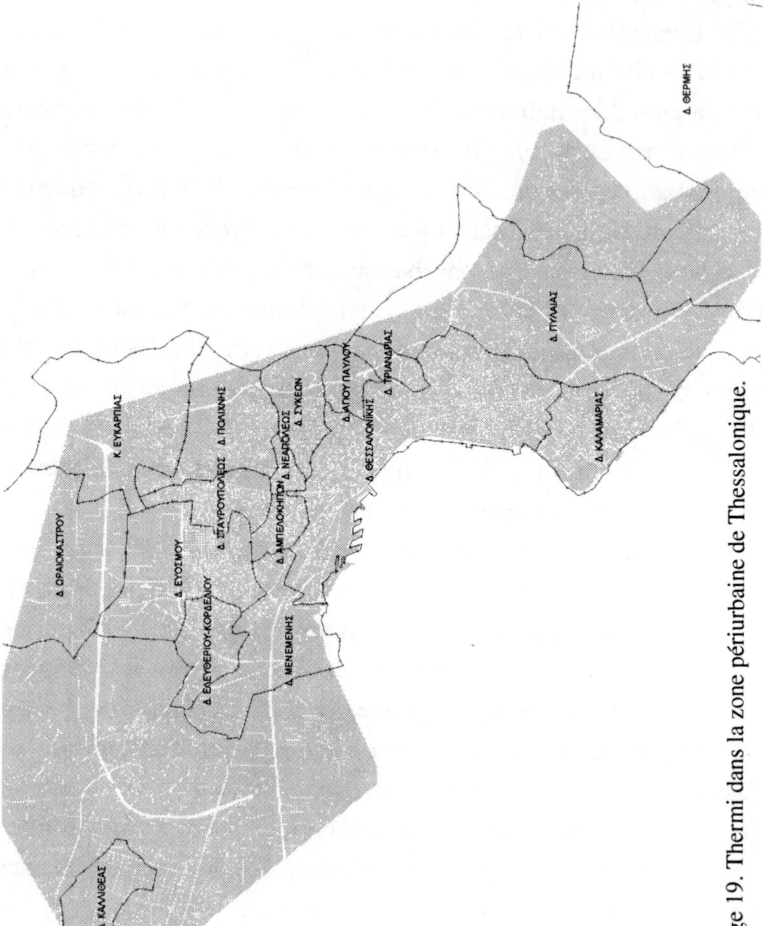

Image 19. Thermi dans la zone périurbaine de Thessalonique.

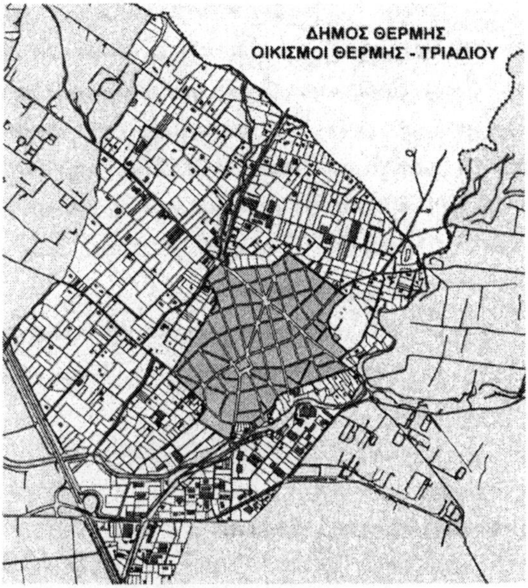

Image 20 : Thermi et son extension.

Image 21 : Thermi avant son urbanisation.

En ce qui concerne l'environnement bâti de Thermi, la petite échelle des habitations, l'organisation centrale du tissu urbain autour de la place Paramana, ainsi que l'absence d'espaces de plein air organisés pour les activités des enfants et des adolescents doivent être notés. Excepté un petit nombre d'espaces organisés pour le jeu moteur spontané des enfants qui, en tant qu'espaces résiduels, ne sont pas seulement caractérisés par leur petite surface, mais aussi par leur place inadaptée dans le tissu urbain, les espaces restants pour le jeu et les loisirs sont les cours d'école, les rues et les parties encore non bâties de la ville.

Les activités des enfants à Thermi

Dans le cas de Thermi, l'analyse a fait apparaître les mêmes catégories d'activités[146]. Tous les jours, y compris les jours fériés, activités éducatives extrascolaires, activités traditionnelles à la maison ou/et télé activités, jeux spontanés, activités sportives organisées, promenades, activités culturelles ont été observés. Les jours de semaine, les activités à la maison dominent, alors que les dimanches et les jours fériés, la principale activité est le jeu en plein air. Ces jours-là, on remarque aussi, à un taux moyen, des activités faites par l'enfant avec ses parents, comme les visites dans la famille, chez des amis, au cinéma, au théâtre etc.

---

[146] Germanos, D., Tsoukala, K. (2000), «De la perception et évaluation de l'espace au projet. Interventions aux espaces publics ouverts de Thermi pour créer un environnement selon les besoins des adolescents», in K : Tsoukala (éd), *Architecture, Enfant et Éducation,* Thessalonique: Paratiritis ; Germanos D., Tsoukala, K. (2000), "From space perception and evaluation to the design of environments for children. The example of Thermi" in *Revue Scientifique* de l'Ecole Polytechnique de Thessalonique, vol. 16, pp.141-66.

Ce mode de vie acquiert son identité après l'étude des activités partielles de chaque catégorie. Les jours de semaine, il semble que l'école domine même le temps extrascolaire «libre» des enfants, dont la plus grande partie est consacrée à l'étude et la fréquentation de cours. Les activités extrascolaires éducatives comprennent les cours de langues étrangères et autres, tandis que de plus faibles taux se rapportent aux beaux arts. Les similitudes et les différences entre les deux sexes ne réservent pas de surprises. Il y a une correspondance entre les réponses des garçons et des filles en ce qui concerne le travail pour l'école (qui occupe la première place: garçons 77%; filles 70%) et l'apprentissage de langues étrangères dans des écoles spécialisées (garçons 53%, filles 54%). Au contraire, les garçons s'adonnent davantage à des jeux sportifs atypiques (football, basket) et à des jeux sur ordinateur, alors que les filles préfèrent les jeux spontanés et les jeux traditionnels (saut à la corde, balle au prisonnier etc.). L'activité dominante les dimanches et les jours fériés semble être le jeu organisé ou atypique en plein air et se limiter au jeu moteur.

La recherche des attentes de l'échantillon en ce qui concerne des activités différentes, plus intéressantes, a montré que la grande majorité des enfants souhaiterait que la situation actuelle change (86% des sujets désireraient s'occuper d'autres activités, plus intéressantes, et 13% des sujets sont satisfaits de l'état actuel des choses). Seul un pourcentage relativement faible formule un point de vue clair sur ce changement. La plupart des enfants n'ont pas été en mesure de s'exprimer d'une façon précise sur la nouveauté qu'ils désirent.

L'analyse des réponses des sujets laisse apparaître un mode de vie standardisé, sans influences de certaines caractéristiques particulières de leur lieu d'habitation. Les enfants de Thermi passent leur journée d'une façon banale, comme leurs camarades des centres urbains, et qui se partage entre les leçons de type scolaire (en lieux fermés) et les formes de jeu collectif spontané et traditionnel dans les espaces publics de plein air. Les activités éducatives au sens large du terme (qui se développent en dehors du programme scolaire) ne sont pas citées alors qu'elles auraient pu mettre en valeur les possibilités du tissu urbain en reliant les sujets à leur environnement matériel.

Les activités des adolescents à Thermi

Dans le cas de Thermi, nous avons inclus dans l'échantillon de la recherche 63 adolescents de 14-15 ans.

La recherche a montré que la fréquentation des cours privés constitue l'activité principale pendant les jours où les adolescents vont à l'école ainsi que les occupations individuelles à la maison (lecture, télévision, jeux électroniques). Ces activités sont très fréquentes (80%) alors que la catégorie «loisirs» (qui, dans le cas de Thermi, se limite à la promenade et à la rencontre avec des amis dans des cafés) l'est avec des fréquences inférieures à 30%.

La promenade, la rencontre avec des amis dans des cafés et la télévision semblent monopoliser le temps libre des adolescents les jours où ils ne vont pas à l'école. En outre, certaines activités sociales sont citées à Thessalonique (visites chez des amis - parents), ainsi que peu d'activités à contenu culturel. Essentiellement, ce que les sujets ont déterminé comme leurs «loisirs» s'organise autour de leurs relations sociales - réelles et virtuelles - plutôt pendant leur temps libre que sur la base d'activités ayant un contenu précis.

L'examen des attentes en ce qui concerne les activités réalisées pendant le temps libre, a montré qu'environ les deux tiers des adolescents ne souhaitent pas que la situation actuelle change (56% des sujets souhaiteraient s'occuper d'activités différentes, plus intéressantes).

Cependant, cette répartition ne signifie pas que les deux tiers des sujets sont réellement satisfaits, parce qu'ils ne précisent pas pourquoi ils ne veulent pas de changement, ni ne semblent avoir d'opinions précises sur ce qu'ils veulent. La même image apparaît chez les sujets qui souhaitent un certain changement. Essentiellement, le manque d'expériences et de stimulations des sujets semble les embarrasser et montre qu'au-delà d'un certain sentiment positif ou négatif plus général, il ne leur est pas facile d'évaluer ce qu'ils vivent. Il faut cependant noter que ceux qui souhaitent, même confusément, un certain renouveau dans leur mode de vie sont seulement les filles. Une voie d'interprétation serait probablement les différences du rythme de maturité entre les deux sexes à cet âge.

L'homogénéité du genre et de la spatialité des activités dans les villes d'échelle différente

Nous avons constaté que malgré sa petite taille, comparée à Thessalonique, Thermi ne réserve pas de surprises en ce qui concerne les activités des enfants et des adolescents. Les activités éducatives extrascolaires réduisent considérablement le temps libre des sujets alors que les nouvelles formes virtuelles de jeu occupent en semaine le reste de leur temps en les confinant dans des espaces fermés intérieurs, (leur domicile, le domicile des amis ou les cybercafés). Le jeu moteur, organisé ou atypique, constitue la forme dominante d'activité dans l'espace public en plein air les dimanches et les jours fériés. L'absence de stimulations et d'espaces organisés appropriés aux activités qui peuvent aider au développement mental, social et affectif des jeunes, est aussi attestée dans le cas de Thermi. On remarque même ici disparition presque totale de la qualité de l'espace qui se situe entre le «privé» et le «public». Il s'agit d'espaces qui encadraient autrefois le développement d'une vie collective intérieure au quartier et permettaient l'intégration des enfants et des jeunes dans son environnement[147]. Les espaces publics standardisés qui sont prévus dans les formes contemporaines de l'espace urbain pour les mineurs, les marginalisent en réalité et ne permettent pas leur insertion spatioculturelle dans l'environnement de la ville.

Ce problème revêt une importance particulière dans le cas de l'adolescence. Les adolescents se trouvent dans une période transitoire singulière qui est reliée à des changements et à des troubles très profonds dans leur vie[148]. Ils sont confrontés d'un côté aux changements de leur corps et aux troubles psychologiques qui les accompagnent et de l'autre, à l'obligation d'abandonner le monde protégé de l'enfance pour s'intégrer dans le monde des adultes qu'ils découvrent progressivement. Essentiellement, ils sont à la recherche d'une nouvelle manière d'exister - qui leur soit propre - et pour ce faire, ils tentent d'être indépendants de leur milieu familial, ils construisent une nouvelle identité et créent de nouveaux types de relations avec eux-mêmes, les autres et la réalité.

Des processus comme la formation de l'identité, de la personnalité et la socialisation de l'adolescent s'inscrivent dans l'environnement bâti à travers un dialogue entre les structures sociales et spatiales. Les tensions et les conflits de l'adolescence sont projetés dans l'espace dans un double sens: d'une part, à travers les modes d'utilisation de l'espace s'expriment des éléments du comportement et de la personnalité de l'adolescent et de l'autre, l'organisation de l'espace peut contribuer au

---

147 Morval, J. (1982), *Introduction à la Psychologie de l'Environnement*, Bruxelles: Mardaga, pp. 144-55 et Germanos, D. (1995), «La relation de l'enfant à l'espace urbain: perspectives éducatives et culturelles» in K. Noschis (ed.), *Children and the City*, Lausanne: Comportements, p.147.

148 Reymond-Rivier, B. (1990), *Le Développement social de l'enfant et de l'adolescent*, Bruxelles: Mardaga, p. 173.

développement des formes de comportement ou/et de conflits à un niveau individuel ou collectif[149].

Cependant la relation de l'adolescent avec l'espace n'est pas seulement importante à un niveau individuel. L'intégration de l'adolescent dans un groupe de jeunes de son âge constitue autant un cadre pour la résolution des conflits de l'adolescence qu'un processus pour son passage à l'âge adulte. Les processus correspondants se développent dans des espaces d'usage collectif, surtout dans les espaces publics qui desservent les besoins de communication et de mise en action collective dans le cadre du groupe et offrent une base spatiale à son développement[150].

Malheureusement, les formes modernes de l'environnement urbain prévoient très peu la satisfaction de ces besoins, ce qui s'oppose à l'attention institutionnalisée qui est accordée à la création d'espaces pour enfants. En même temps, comme cela a été cité, peu de quartiers du tissu urbain déjà formé peuvent être utilisés par les adolescents. On pourrait dire que comme l'adolescent recherche sa place dans les sociétés européennes contemporaines, dans une nouvelle réalité socioculturelle, de même l'espace pour les adolescents recherche sa place dans le tissu urbain.

L'importance de cette lacune est digne d'attention. On a remarqué que l'absence d'espaces planifiés spécialement pour les adolescents dans les grands ensembles d'habitation (espaces de réunion, de loisirs, bibliothèques etc.) est liée à des phénomènes d'augmentation de la délinquance. Au contraire, l'existence de tels espaces, en combinaison avec leur encadrement par des programmes spécialisés et des activités

---

[149] Fischer, G.N. (1997), *Psychologie de l'environnement social*, Paris: Dunod. Particulièrement, sur la relation entre espace et processus de la construction de la personnalité: Fernandez - Zoila, A. (1987), *Espace et Psychopathologie*, Paris: P.U.F.

[150] Dumazedier, J. (1962), *Vers une civilisation des loisirs*, Paris: Seuil.

encourageantes, semble être liée à des processus de développement psychosocial et d'insertion normaux de l'adolescent dans son environnement.

Les tendances contemporaines d'intervention dans ce problème, s'appuient sur des possibilités psychopédagogiques qui sont offertes par les activités et les espaces consacrés au temps libre. Toutefois, parmi les trois fonctions du temps libre, telles qu'elles sont définies par Dumazedier[151], une attention particulière doit être accordée aux activités de développement qui visent à aider le sujet à cultiver ses intérêts et à développer sa personnalité. Dans les conditions actuelles, surtout en Grèce, apparaît un grand besoin d'une re-programmation psychopédagogique des parties du tissu urbain qui, de cette façon, ne seront pas hostiles à l'adolescent et qui constitueront la base de l'espace pour les processus de sa maturité et de son insertion socioculturelle dans son environnement.

---

[151] op.cit.

Chapitre 11

L'image de la ville

Espace signifié et espace vide

La ville, quelle qu'elle soit, de petite ou grande taille, se développe dans l'espace comme structure continue, comme un système ouvert de bâtiments et d'itinéraires, comme un réseau d'arrêts et de mouvements qui obéissent aux lois du devenir perpétuel. Cependant, comment cette continuité qui caractérise la structure urbaine se maintient-elle dans ses versions subjectives, c'est-à-dire dans les images subjectives que les individus forment sur la ville à travers leurs actions et leurs vécus?

Dans le vocabulaire des sciences du comportement, on trouve la notion de «zone vide»[152] qui décrit le phénomène de l'absence d'une partie de l'espace urbain de la carte subjective de l'usager. L'existence de ces zones vides crée des discontinuités dans l'image de l'espace urbain, des déviations par rapport à l'espace réel. Cette remarque conduit logiquement à la question relative aux facteurs qui provoquent cette discontinuité de l'espace. S'agit-il de parties de l'espace urbain qui n'ont pas d'intérêt morphologique? S'agit-il de quartiers

---

[152] Lagopoulos, A., Boklund-Lagopoulou, K. (1992), *Meaning and Geography. The Social Conception of the Region in Northern Greece*, Berlin, New York: Mouton de Gruyter.

inconnus ou non familiers? De quartiers qu'on ne peut pas visiter, éloignés du quartier de résidence, ou de quartiers qui peuvent être visités sous le contrôle de l'adulte? S'agit-il de quartiers qui n'offrent pas d'activités et d'espaces qui fonctionneraient comme pôles d'attraction pour les habitants et les visiteurs venus des alentours? Une autre question qui pourrait s'ajouter à celles-ci concerne surtout les individus en bas âge et est relative à la dangerosité de la zone en question: dans quelle mesure certaines catégories d'individus ou l'environnement bâti lui-même (ex. les axes routiers de grande circulation etc.) agissent-ils de façon prohibitive dans le mouvement et l'activation des enfants dans la zone précise? Une question qui est directement liée à la problématique que nous avons développée dans les premiers chapitres de la présente étude, c'est-à-dire liée aux nouvelles formes d'activités et d'espaces qui apparaissent à l'époque de la mondialisation pourrait être posée de la façon suivante: les nouvelles formes d'activités ont-elles une influence sur le phénomène des zones vides? Bien sûr, cette question complète d'une certaine manière la question générale qui est posée ci-dessus sur la relation entre l'activité et la représentation mentale de l'espace. En répondant par les enquêtes que nous avons effectuées sur le terrain, nous avons la possibilité, au-delà de l'interprétation des phénomènes qui nous préoccupent, de réfléchir sur la perspective d'évolution de l'espace urbain, de l'espace public et de la vie publique des enfants. Nous avons la possibilité, en restant conséquente avec le cadre épistémologique de notre problématique - théorique et méthodologique- de formuler des recommandations et des propositions pour l'amélioration des espaces publics étant donné le changement qu'apportent à la notion de public les conditions économiques, technologiques et sociales de l'époque contemporaine.

En demandant aux enfants de Thessalonique et de Thermi et aux jeunes de 16-18 ans, habitants de Thermi, de dessiner et de décrire leur ville, nous avons tenté d'étudier leur relation avec leurs lieux d'habitation à travers leurs représentations topographiques et verbales de l'espace.

L'exemple de Thessalonique

Espace perçu et modèles urbains

Dans le cas de Thessalonique[153], en recherchant dans un premier temps le type de zone (centre, périphérie, ville est et ouest) qui apparaît sur l'étendue de la carte mentale, nous avons constaté que 5 types de cartes (espaces) demandaient à être interprétés comme construction mentale par les facteurs que nous avons introduits dans notre enquête: «Centre et périphérie», première catégorie de carte mentale, «centre», deuxième catégorie, «zone personnelle», troisième, «zone composée» et «idée générique» les deux dernières (images 22-25). Les noms de ces catégories montrent aussi leur contenu. Dans la première catégorie sont inclus les dessins des enfants qui représentent des découpages spatiaux appartenant au centre et à la périphérie (9% des dessins). A la deuxième catégorie, celle du «centre», appartiennent les enfants qui dessinent exclusivement le centre de la ville (63% des dessins). La «zone personnelle», la troisième catégorie, illustre exclusivement la zone d'habitation de l'enfant (quartier 18% des dessins), tandis que les deux dernières concernent des espaces irréels. Plus précisément, à la catégorie «zone composée» appartiennent les cartes mentales qui représentent des découpages spatiaux dans lesquels sont impliqués des éléments appartenant à différents quartiers de la ville. Par exemple, des parties du centre de la ville comprennent des éléments du quartier d'habitation de

---

[153] Tsoukala, K. (2001), *L'Image de la ville chez l'enfant*, Paris: Anthropos.

l'enfant, ou bien des éléments du centre-ville deviennent des éléments structurels du quartier d'habitation (5% des dessins). Enfin dans la catégorie «idée générique», la ville n'est pas représentée concrètement, seule l'est l'idée de la ville, à savoir un espace comprenant des routes, des habitations, des bâtiments à usage commercial, des espaces de production, des loisirs, etc. (4% des dessins).

Les deux premières catégories ont été considérées comme «objectives», en ce sens qu'elles restituent la réalité de façon abstraite ou sélective sans toutefois la déformer par l'introduction d'éléments qui lui sont étrangers. Les trois dernières catégories, au contraire, ont un caractère «subjectif». Dans le cas de la catégorie «idée générique», la ville précise de Thessalonique est absente du dessin. Ce qui la remplace est l'image qu'a l'enfant de la ville en général, de la ville en tant qu'environnement ayant certaines caractéristiques qui la différencient d'autres types d'agglomération. Encore plus caractéristique est le cas des «zones composées», dans lequel le désir de l'enfant se mêle à l'image de la réalité objective, la transformant en un nouveau «quartier», beaucoup plus intensément «subjectif». La catégorie «zone personnelle» met en avant l'identification de l'enfant à un espace très restreint qui peut être considéré comme le prolongement de son propre domicile. La majorité des enfants, environ 73% d'entre eux, représentent soit le centre de la ville soit des découpages spatiaux appartenant au centre et à la périphérie. Il reste donc un

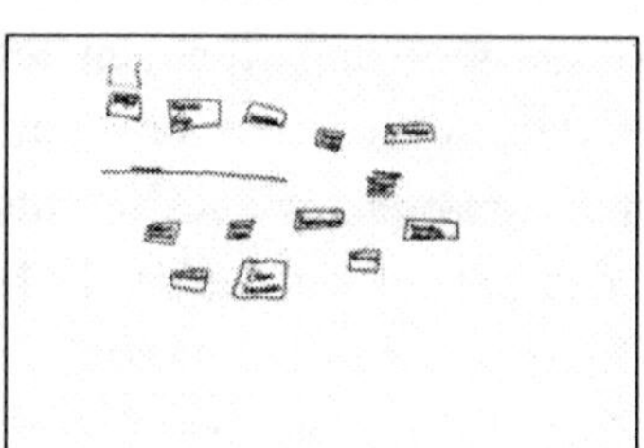

Image 22. Représentation de la ville. Catégorie: *centre et périphérie.*

Image 23. Représentation de la ville. Catégorie: *centre.*

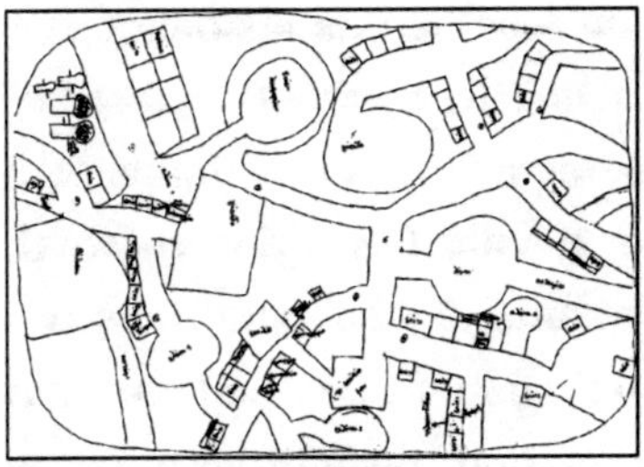

Image 24. Représentation de la ville. Catégorie: *zone composée.*

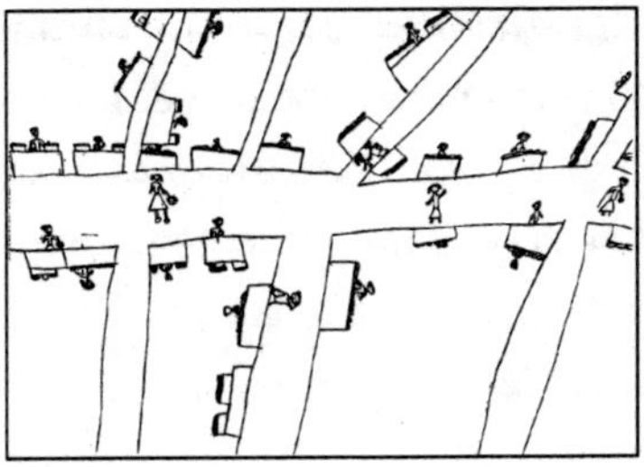

Image 25. Représentation de la ville. Catégorie: *ville générique.*

pourcentage considérable, 27%, qui appartient aux catégories subjectives.

Il faut noter aussi que le centre et la zone personnelle sont dessinés avec leurs éléments spatiaux, alors que les parties de la périphérie sont représentées comme des quartiers vides ayant seulement pour caractéristique une ligne, une limite qui est crayonnée pour montrer l'existence (la place) du quartier dans l'espace urbain plus vaste, et moins ses caractéristiques. D'ailleurs, le terme «zone» et ce mode de sa représentation est initialement mentionné par Lynch dans son livre *The Image of the City.*[154] Lynch remarque que la surface qui comprend un seul élément, sa limite, représente une partie de l'espace urbain ayant des éléments homogènes quant à certaines caractéristiques qui la distinguent considérablement d'autres zones de la ville, voisines ou non et lui attribuent un caractère particulier.

Le rôle du lieu de résidence et de la distance

Pendant l'étape suivante, celle de la compréhension et de l'interprétation de l'espace subjectif, nous avons constaté à travers l'analyse de variance des différences statistiquement

---

[154] Lynch, K. (1960), *The Image of the City*, Massachusetts, London: The M.I.T. Press.

significatives parmi les enfants selon leur lieu de résidence (p> .02) et la distance de ce dernier du centre de la ville (p> .04).

Le type «centre» est naturellement lié aux enfants qui habitent dans le secteur central de la ville (73% des enfants), mais aussi à un grand nombre d'enfants qui habitent dans des quartiers assez éloignés du centre (63%). Les enfants qui appartiennent au type de représentation «centre/périphérie» habitent pour la plupart dans la périphérie de la ville, et particulièrement dans des quartiers proches du centre (38%). Ceux qui représentent la «zone personnelle» habitent dans la périphérie et au centre-ville. Les deux dernières catégories (idée générique et zone composée) renvoient à ceux qui habitent dans la périphérie de la ville (21%), surtout dans des quartiers très éloignés (tableaux 1). Un certain nombre d'enfants des zones éloignées de la périphérie semble ignorer le noyau de la ville - le centre historique -, comme d'ailleurs également un certain nombre qui habite dans les zones centrales de la ville ignore ses secteurs périphériques. Cette remarque s'accorde aux conclusions de la recherche effectuée par Jodelet[155] à Paris, avec un échantillon d'individus différenciés par le sexe, l'âge, le lieu de résidence et le niveau socioculturel. Jodelet mentionne précisément le rôle du rapprochement géographique dans l'orientation des intérêts: les habitants du centre le connaissent mieux que la périphérie, ceux de la périphérie la connaissent mieux que le centre, ceux qui vivent à l'est ne connaissent pas l'ouest et inversement.

Le lieu de résidence en tant que position dans le tissu urbain et en tant que distance par rapport au noyau central, influence donc les images mentales de l'espace urbain. Directement liés à

[155] Jodelet, D. (1982), «Les représentations sociospatiales de la ville» in Derycke, P. (dir.), *Conceptions de l'espace*, Recherches pluridisciplinaires de l'Université Paris X - Nanterre. Voir aussi, Jodelet, D. (éd.), (1989), *Les Représentations sociales*, Paris: P.U.F.

la distance du lieu de résidence au centre, le mode de déplacement de l'enfant (autonome ou dépendant de la présence d'adulte, à pied ou en voiture) et la fréquence de déplacement renforcent ou au contraire affaiblissent l'image cohésive et réaliste de l'espace (global).

Le rôle de l'activité

Examinant la typologie des cartes mentales de la ville par rapport non seulement à la distance de la résidence au centre, mais aussi par rapport aux réseaux d'activité de l'enfant dans la ville et à leur fréquence, nous sommes amenée à des constations qui confirment le rôle du facteur sociogéographique dans les processus de construction mentale du macroenvironnement.

Nous avons observé au cours de l'analyse que les enfants qui représentent dans leur dessin exclusivement le centre-ville développent leurs activités soit uniquement dans cette partie de la ville (il est évident qu'il s'agit alors d'enfants habitant dans le centre de Thessalonique), soit dans le centre-ville *et* dans leur quartier personnel qui se situe dans les zones urbaines périphériques assez éloignées du centre (environ 80% des enfants appartenant à la catégorie d'activités transpatiales «centre et quartier de résidence»). La difficulté de ceux qui habitent à la périphérie de représenter un secteur plus vaste contenant le centre et leur quartier de résidence peut s'expliquer par la distance de leur domicile au centre de la ville. L'enfant, accompagné par l'adulte et déplacé en voiture, construit sa relation à l'espace de façon passive. Des chercheurs reconnus qui se sont penchés sur l'étude du comportement spatial ont beaucoup insisté sur le facteur du mouvement autonome et actif

Tableau 1
Typologie des représentations mentales de la ville. Répartition de population en fonction du secteur de résidence et de sa distance du centre.

	Secteur de résidence						*Distance de la résidence du centre*					
Espaces représentés	*centre*		*périphérie (secteur ouest)*		*périphérie (secteur est)*		*centre*		*proche*		*loin*	
	n. d'enf.	%	n. d'enf.	%	n. d'enf.	%	n. d'enf.	%	n. d'enf.	%	n. d'enf.	%
centre et périphérie	1	3,3	-	-	6	24,0	1	3,3	5	38,5	1	3,2
centre	22	73,3	12	63,2	13	52,0	22	73,3	4	30,8	21	67,7
zone personnelle	7	23,3	3	15,8	3	12,0	7	23,3	2	15,4	4	12,9
zone composée	-	-	3	15,8	1	4,0	-	-	1	7,7	3	9,7
ville générique	-	-	1	5,3	2	8,0	-	-	1	7,7	2	6,5
Total	30	100,0	19	100,0	25	100,0	30	100,0	13	100,0	31	100,0

de l'enfant. Dans ses recherches, Roger Hart par exemple, souligne outre le caractère fonctionnel des espaces mentaux de références de l'enfant, le rôle de l'activité autodirigée dans les processus de la construction de l'espace[156].

Le même caractère «autodirigé» de l'activité apparaît dans l'oeuvre de Lynch. Dans un article sur le monde spatial de l'enfant[157], Lynch associe la mémoire non pas avec les lieux formels des expériences mais avec ce qu'il appelle des zones incultes: «l'attention n'est pas particulièrement liée aux lieux formels et programmés pour les activités des enfants, mais surtout aux rues et aux trottoirs, et notamment à ce que je pourrais appeler les zones incultes, les lieux où les plus jeunes peuvent échapper à la surveillance parentale et agir par eux-mêmes»[158].

---

[156] Hart, R. (1979), *Children's experience of place*, N. York, Irvington Publishers; Hart, R. (1981), "Children's spatial representation of the landscape: Lessons and questions from a field study" in L. S. Liben, A. H. Patterson, N. Newcombe (eds), *Spatial Representation and Behavior across the Life Span*, New York: Academic, pp. 195-233; Hart, R. (1984), "The Geography of children and children's geographies" in Th. F. Saarinen et al. (eds), *Environmental Perception and Behavior: An Inventory and Prospect*, Chicago: The University of Chicago, Department of Geography (Research paper n° 203). La même orientation théorique caractérise l'œuvre de Marquetta Kytta. Sa recherche valorise le rôle du mouvement indépendant et de la diversité des stimuli dans la construction de la signification affective de l'espace (voir Kytta, M., 2004, "The extent of children's independent mobilty and the number of actualized affordances as criteria for child-friendly environments" in *Journal of Environmental Psychology*, vol. 24, pp. 179-98). Dans une autre recherche, Kytta et ses collaborateurs Korpela et Harting, soulignent le rôle de l'activité et des interactions sociales dans la formation des préférences spatiales. Ils se réfèrent à l'activité dans le sens de l'expérience «restauratrice » et soutiennent sa contribution à la formation de l'attachement de l'enfant au lieu (voir Korpela, K., Kytta, M., Harting, T., 2002, "Restorative experience, self-regulation, and children's place preferences" in *Journal of Environmental Psychology*, vol. 22, pp. 387-98).

[157] Lynch, K. (1979), "The spatial world of the child" in W. Michelson, S. Levine & E. Michelson (eds), *The Child in the City*, London, Toronto: University of Toronto Press, pp. 102-127.

[158] op. cit. p. 104.

Tableau 2
Typologie des représentations mentales de la ville.
Répartition de la population en fonction des activités trans-spatiales

Espaces représentés	*Activités trans spatiales*									
	centre + périphérie		*centre + s. de résid.*		*secteur de résidence*		*périphérie (s. de résid.+ autre)*		*Total*	
	n. d'enf.	*%*	*n. d'enf.*	*%*	*n. d'enf.*	*%*	*n. d'enf.*	*%*	*n. d'enf.*	*%*
centre et périphérie	2	28,6	5	9,3	-	-	-	-	7	9,5
centre	3	42,9	43	79,6	1	8,3	-	-	47	63,5
zone personnelle	1	14,3	2	3,7	10	83,3	-	-	13	17,6
zone composée	-	-	2	3,7	1	8,3	1	100,0	4	5,4
ville générique	1	14,3	2	3,7	-	-	-	-	3	4,1
Total	7	100,0	54	100,0	12	100,0	1	100,0	74	100,0

Nous ne devons pas omettre les travaux de Gaster[159] qui se situent dans une voie de recherche similaire. Réalisés dans un quartier de New York, ils devaient préciser les changements survenus dans l'usage de l'espace public par les enfants pendant la période 1915-1976. En introduisant comme variables dépendantes le nombre et la qualité des milieux visités, le nombre et la nature des obstacles environnementaux et des restrictions imposées par les parents, et les activités entreprises, Gaster a étudié l'importance du rôle de déplacement et de l'action autodirigée dans le processus de représentation de l'espace vécu.

Rapoport dans son livre *Human Aaspects of Urban Form*[160] reconnaît aussi l'importance de ce facteur dans les processus de structuration de l'espace, comme par ailleurs Torel et Biel[161] et de nombreux autres chercheurs qui se sont occupés de la perception et de la représentation de l'espace. Dans le cas du déplacement non autonome, l'espace parcouru par l'enfant devient, pour utiliser de nouveau les termes de Lagopoulos, un espace vide, à savoir un espace non signifié.

L'importance du mouvement et de l'action autodirigés est confirmée par l'échantillon de notre enquête qui compose le groupe «centre et périphérie». Nous rappelons qu'à ce groupe appartiennent des enfants qui représentent le centre de la ville et

---

[159] Gaster, R. (1991), "Urban children access to their neighbourhood. Changes over three generations" in *Environment and Behavior*, vol. 23, n° 1, pp. 70-85.

[160] Rapoport, A. (1977), *Human Aspects of Urban Form - Towards a Man-Environment Approach to Urban Form and design*, New York: Pergamon Press.

[161] Torell, G., Biel, A. (1985), "7 parental restrictions and children's acquisition of neighbourhood knowledge" in T. Gärling, J. Valsiner (eds), *Children within environments*, N. York: Plenum, pp. 107-118; Torell, G. (1990), "Children's conception of large-scale environments" in *Géteborg Psychological reports*, vol. 20, n° 2; Torell, G. (1990), "The acquisition and development of environmental cognition in children" in *Géteborg Psychological reports*, vol. 20, n° 1, pp. 1-23.

leur quartier. Une caractéristique de ces enfants est le développement de leurs activités dans le centre de la ville et dans la zone de leur résidence qui se trouve à une petite distance du centre. Le mouvement et l'action du jeune dans les zones ci-dessus ainsi que son déplacement de l'une vers l'autre se fait avec des «amis» et à pied. Ce fait traduit la représentation non fragmentaire de l'espace. Dans ce cas, l'espace mental conserve sa continuité et vérifie les hypothèses concernant l'influence positive du mouvement et de l'action autodirigés de l'enfant sur son orientation spatiale [précisément, 8 enfants sur les 13 qui habitent dans des banlieues proches du centre visitent souvent ce dernier, seuls ou avec des amis du même âge, et s'y déplacent à pied. La plupart d'entre eux, 5 sur 8, représentent le centre et le lieu de leur résidence (périphérie) comme étant contigus, créant un espace continu et non pas fragmenté].

Poursuivant notre analyse avec la mise en rapport des activités et des espaces subjectifs, nous avons constaté de plus les points suivants: Les enfants qui représentent exclusivement dans leur dessin leur quartier personnel, qu'il se situe à la périphérie de la ville ou dans le secteur central de la ville, sont des enfants qui développent leurs activités essentiellement dans cet espace (soit 83% des enfants appartenant à la catégorie «quartier» des activités transpatiales). Le quartier constitue presque l'«unique» champ de mouvement et d'action de l'enfant, sa principale source de stimulations et d'information, de sorte que les limites du quartier deviennent des limites de la «ville» et de son environnement social et bâti.

Enfin, quelques-uns des enfants appartenant à la catégorie d'activités transpatiales «activités développées dans le centre de la ville et dans le quartier de résidence» représentent sur leurs dessins une idée générale de la ville, à savoir l'idée qu'ils se font de la ville et non pas la ville concrète où ils habitent. D'autres, peu nombreux également, représentent des zones complexes, à savoir des parties de l'espace urbain incluant des éléments provenant d'autres quartiers (les dessins représentent soit une partie du centre-ville avec certains éléments structurels que l'enfant emprunte à son quartier personnel, soit le quartier personnel avec des éléments que l'enfant emprunte à d'autres quartiers de la ville). Il faut noter que dans ce cas-là aussi, la fréquence et le mode de déplacement de l'enfant vers le centre de la ville correspondent à des taux très faibles. 31 enfants sur les 34 qui habitent dans des zones périphériques très excentrées se déplacent rarement vers le centre, seulement accompagnés d'adultes et en voiture.

L'analyse des données a donc montré que les activités des enfants dans l'espace urbain, la distance entre le lieu de résidence et les lieux d'activités, distance qui est liée au caractère de l'action (autonome ou dépendante), à son orientation, à sa fréquence ainsi qu'au mode de déplacement de l'enfant dans l'espace, influence la relation de l'enfant à l'espace.

Le rôle de l'activité sociospatiale stratégique

Dans des chapitres précédents, nous avons défini la notion d'activité sociospatiale stratégique que notre recherche a révélée à un niveau épistémologique et expérimental. Nous rappelons ici que cette activité a pour objectif la prise de décisions sur l'espace dans des conditions d'interactions sociales. Lorsque l'activité est dirigée vers des objectifs spatiaux fixés par d'autres individus, nous utilisons le terme d'activité sociospatiale passive. Deux autres termes proposés, ceux d'activité stratégique et d'activité passive désignent l'activité qui n'est pas directement liée à l'espace mais elle s'y déroule simplement. L'activité de l'individu est dite stratégique lorsqu'elle est dirigée vers des objectifs qu'il s'est lui-même fixés en fonction de ses propres intérêts et à condition qu'il puisse mettre ces plans d'action en accord avec le fondement de définitions communes avec d'autres participants; elle est dite passive lorsque la participation de l'individu à l'activité est dictée par quelqu'un d'extérieur.

Le type d'activité sociospatiale semble jouer un rôle important dans la conception de l'environnement. L'espace représenté par les enfants qui appartiennent à la catégorie «activité passive» ou «activité sociospatiale passive» est un espace qui se compose d'un petit nombre d'éléments. Au contraire, les enfants qui lient leur activité dans l'espace avec l'espace lui-même, qui ont pour objectif son exploration en compagnie d'amis de leur âge, dessinent un espace plus riche en éléments. L'influence de ce facteur se vérifie également lorsqu'on compare les dessins des enfants qui appartiennent à la catégorie «activité passive»: ceux qui habitent au centre ville avec ceux qui habitent les quartiers périphériques de la ville mais qui représentent exclusivement le centre (rappelons ici que ce sont pas des visiteurs fréquents du centre de la ville et qu'ils relèvent tous de la catégorie de l'activité passive, car toujours accompagnés par des adultes). Nous constatons que pour ces deux groupes d'enfants, l'image de la ville ne se différencie pas. Peu d'éléments figurent sur le dessin, fait qui montre que l'espace mental se construit surtout sous l'influence de l'activité sociospatiale et moins sous l'influence d'autres facteurs tels que le lieu de résidence, son éloignement du centre ou la fréquence d'occurrence de l'activité (facteurs liés entre eux).

La complexité du dessin, à savoir la richesse et la variété des éléments représentés, dépend aussi du modèle d'activité que l'enfant adopte (spatiale ou non, stratégique ou passive). Ceci apparaît clairement dans le cas du dessin du centre, partie de la ville où l'activité de l'enfant prend place la plupart du temps dans les parcs le long de l'esplanade, au centre culturel (HANTH) ou à l'espace de la foire d'exposition; dans le cas de l'activité passive, qu'elle soit spatiale ou non, ces espaces sont représentés avec un grand degré d'abstraction qui nous renseigne seulement sur le site et les limites de ces espaces; dans le cas de l'activité spatiale stratégique (orientée vers l'espace et non contrôlée par les adultes), nous obtenons une information beaucoup plus riche et dense. L'activité spatiale stratégique au centre-ville est surtout remarquée chez les enfants qui habitent dans la partie centrale de la ville ou dans les quartiers périphériques proches. Pour eux, les distances ne sont pas des obstacles au déplacement pédestre et hors surveillance des adultes. Ces enfants explorent l'espace urbain avec leurs amis.

Les constations ci-dessus se renforcent par l'étude de variété d'éléments représentés. La variété renvoie au nombre d'éléments différents que l'enfant utilise en vue de représenter l'espace demandé. Nous avons étudié l'influence que le type d'activité sociospatiale pouvait avoir sur la variété des éléments représentés particulièrement pour les enfants habitant le centre-ville.

Nous avons tenté de distinguer les répercussions éventuelles de l'activité sociospatiale passive ou stratégique de l'enfant sur le processus de choix des différents codes de représentation. Le coefficient important ($p>.004$) obtenu par l'analyse de variance révèlent que l'activité sociospatiale stratégique de l'enfant dans le centre-ville influence la variété des éléments avec lesquels l'enfant construit l'espace mental du tissu urbain. L'enfant devient dans ce cas le récepteur actif des stimulations de l'espace.

Le rôle de l'origine sociale

Nous devons rappeler ici que l'échantillon de notre enquête a été aussi choisi sur le critère de la classe sociale qui est lié à l'expérience sociale de l'individu, à son attitude sociale et en général à sa culture urbaine (la façon avec laquelle il conçoit l'environnement urbain, s'y déplace et agit). Dans l'échantillon précis pourtant, la mise en rapport de ce facteur avec les autres variables et avec la représentation mentale de l'espace n'a pas montré sa contribution au comportement spatial final. Il a été directement lié surtout à l'activité éducative des enfants, alors que le reste des activités ne se différencie pas en fonction de la catégorie socioprofessionnelle des parents. Par conséquent, la mise en rapport de la classe sociale avec les réseaux des activités dans la ville n'a pas montré la relation de ces deux facteurs. Seule la fréquence de certaines activités de loisirs (et non culturelles) pourrait être mise en relation avec l'origine sociale. Quand nous avons abordé cette discussion dans un chapitre précédent, nous avons rapporté cette constatation au cadre socioculturel contemporain qui semble influencer la vie urbaine publique, même dans des agglomérations périphériques, en ce qui concerne la réalisation et donc les conséquences du devenir économique et technologique contemporain. La civilisation numérique, avec de très faibles exigences en ce qui concerne l'espace, puisqu'elle peut développer toute son ampleur dans des objets électroniques de petites dimensions abrités dans l'espace du domicile ou d'un cybercafé, détermine à nouveau la relation homme - ville. La classe sociale marque plus dynamiquement sa présence dans la construction de l'espace urbain mental dans d'autres recherches qui ont précédé et ont été effectuées auprès d'adultes, dans un cadre socio-économique différent: dans celles de Jodelet, de Ledrut, de Lagopoulos et d'autres. La recherche de Ledrut *Les Images de la ville* étudie le langage utilisé par trois groupes sociaux distincts pour décrire les divers éléments urbains. Ses sujets ont été sélectionnés selon trois critères, la classe sociale, le sexe et l'âge. Il a observé, après avoir analysé des énoncés produits à partir de onze images photographiques présentées aux sujets, que la lecture des photos varie considérablement d'un groupe à l'autre. Selon lui, les catégories et classèmes provenant de l'analyse du discours sur une image ou un objet «nous renseignent sur l'expérience sociale et humaine puisque ce qui existe socialement, c'est une certaine organisation du réel en champ d'expérience différencié et articulé d'une certaine façon. Bien certainement cette organisation, exprimée dans des langages, traduit elle-même une vie et une pratique sociales. L'essentiel est que cette vie et cette pratique - ici la vie et la pratique «urbaines» - s'atteignent par la considération de l'expérience et non par celle des «objets» ou des «attitudes», pris séparément. Démarche qui n'exclut aucunement, bien au contraire, l'étude des comportements, des pratiques et de leurs sources dans la culture, le système social et finalement le mode de production»[162].

Un peu plus tard, le travail de Jodelet[163] se situe dans cette même voie d'analyse des représentations. Elle a étudié les représentations de Paris à travers un échantillon de 218 sujets sélectionnés selon les critères de résidence, de sexe, d'âge et de niveau socioculturel. Dans son article intitulé «Les représentations sociospatiales de Paris», elle précise que le degré de connaissance de la ville varie en fonction des caractéristiques sociales de la population interrogée. Cela montre que si la connaissance est liée à l'expérience personnelle, celle-ci est infléchie par les usages normatifs du groupe d'appartenance. Le niveau socioculturel correspond à des expériences urbaines différentes selon le caractère culturel des arrondissements et le niveau social de leurs habitants. La classe sociale établit une ségrégation résidentielle et des attitudes sociales qui favorisent l'établissement d'une culture urbaine spécifique aux différents groupes sociaux. Et de fait, le lieu de résidence détermine des attitudes d'évaluations culturelle et sociale qui induisent des modalités de connaissance spatiale différentes.

D'autres chercheurs qui ont apporté une contribution considérable à ce champ cognitif, comme Lagopoulos[164],

---

[162] Ledrut, R. (1973), *Les Images de la ville*, Paris: Anthropos, p. 311.

[163] Jodelet, D. (1982), «Les représentations sociospatiales de la ville», op.cit.

[164] Lagopoulos, A. (1998), «L'espace subjectif de Thessalonique. Codes et modèles» in A. Dagkas (éd.), *Thessalonique: métiers, production – commerce, vie sociale, 18ème-20ème siècle*, Thessalonique, pp. 155-62 (Actes du Colloque International 1 et 2-11-97); Lagopoulos, A., Boklund-Lagopoulou,

Pellegrino[165], Rapoport[166] montrent à travers leurs travaux le rôle de la classe sociale dans le comportement spatial de l'homme.

Nous avons également souligné dans cette recherche qu'à part le type et la fréquence des activités, le mode de déplacement, la position et la distance du lieu de résidence au noyau central de la ville, le symbolisme, la dimension historico-culturelle du centre influencent la construction de l'espace mental. La majorité des enfants qui développent leurs activités dans la périphérie et dans le centre de la ville, choisit de représenter le centre de la ville. Le centre de la ville est la zone qui prime dans la seconde catégorie, et cette domination est légitime. La plurifonctionnalité du centre, les traces de l'histoire de la ville qui y sont imprimées, les mémoires collectives, ainsi que le contact de ce secteur avec le plus fort élément naturel du quartier - la mer -, contribuent à ce que cet espace prenne des valeurs capables d'inciter l'enfant à le représenter et à dépasser ses propres vécus. Lagopoulos, dans son examen des différents cas d'espace subjectif de Thessalonique, conclut que le caractère central ou périphérique des secteurs de la ville influencent la construction de l'image de Thessalonique. Si pour tous les Thessaloniciens, le centre de la ville appartient bien à Thessalonique, en revanche ses zones périphériques ne sont enregistrées mentalement que par certains, d'autant peu nombreux qu'elles sont excentrées; et tous les endroits cités

---

K. (1992), *Meaning and Geography. The Social Conception of the Region in Northern Greece*, Berlin, New York: Mouton de Gruyter.

165 Pellegrino, P. et al.(1983), *Identité Régionale et Représentations Collectives de l' Espace*, Genève: CRAAL – FNSRS; Pellegrino, P. (1984), «Sémiotique, architecture et sciences humaines» in Sémiotique, théorie et pratique, La Haye; Pellegrino, P. (1986), «Espace social, représentations collectives et tranformations du territoire » in P. Pellegrino et al. (éd.), *La théorie de l'espace humain*, UNESCO, CRAAL-FNSR, pp. 7-12.

166 Rapoport, A. (1977), Human Aspects of Urban Form - Towards a Man-Environment Approach to Urban Form and Design, New York: Pergamon Press.

pour délimiter la région entourant la ville sont celles directement connues par l'expérience personnelle. Ce fait, écrit Lagopoulos, s'explique par la dynamique des pratiques sociales: le centre ville est le point d'intersection des pratiques sociales, et celles-ci divergent au fur et à mesure que l'on s'éloigne du centre. L'histoire et la dynamique du centre expliquent également pour une part la sémiotique de la périphérie des Thessaloniciens. Jodelet a observé aussi que la connaissance de Paris est fortement dépendante du caractère central ou périphérique des arrondissements, à savoir du sens historique du tissu urbain.

Les constatations déjà formulées par Jodelet et Lagopoulos concernant l'influence de la centralité sur la construction de l'image de l'espace urbain chez les adultes sont aussi valables dans le cas de l'enfant. Dans cette recherche, nous ne pouvons pas interpréter le très grand nombre des dessins de type «centre» par le seul fait que le centre est un espace de pratiques sociales intenses. L'enfant, comme l'a révélé l'analyse de ses activités, ne vit pas cet aspect socioculturel du centre. En réalité, ses activités au centre sont rares et limitées. De sorte que le choix qu'il fait de représenter cette partie de la ville s'explique moins par ses expériences que par le fort symbolisme historique et socioculturel du centre. Nous n'omettrons pas les recherches d'Ekman et de Bratfisch[167] qui ont démontré qu'en Suède, la distance subjective dans les villes était inversement proportionnelle à l'implication émotionnelle dans la ville ni d'ailleurs Firey[168], qui a discuté le rôle du sentiment et du symbolisme comme variables qui influencent

---

167 Ekman, G., Bratfisch (1965), "Subjective distance and emotional involvement: A psychological mechanism" in *Acta Psychologica*, n° 4, pp. 446-53.

168 Firey, W. (1945), "Sentiment and symbolism and ecological variables" in *American Sociological Review*, n° 10, pp.140-48.

l'image mentale. Enfin, Carr[169] a mis l'accent sur les rôles du besoin individuel et des valeurs comme déterminants de la construction de l'image mentale.

La conception domicentrique de l'espace

La distinction d'une telle manière de concevoir l'espace urbain est liée à la structure des représentations mentales de l'espace. L'analyse de l'image de l'espace ne concerne pas exclusivement ses éléments: leur type, leur taille, leurs détails, leur position dans l'image. Elle concerne également les relations qui les unissent, c'est-à-dire la structure de l'image. Cette structure peut être analysée selon différents critères. Elle peut l'être selon le critère retenu par Lynch[170] et Appleyard[171], c'est-à-dire le degré d'organisation des éléments de l'image: d'un mode de représentation indifférencié et égocentrique à un mode opérationnellement coordonné et hiérarchiquement intégré. Nous pouvons aussi appliquer le critère de Lagopoulos[172], qui s'est inspiré de Chomsky[173] et de Greimas[174] (théories des niveaux syntaxiques du texte) et propose une nouvelle typologie de la structure de l'espace mental en introduisant dans l'analyse les notions de structure profonde statique et dynamique. C'est ce critère qui va le conduire à la

---

[169] Carr, S. (1967), "The city in the mind" in W.R. Ewald (ed.), *Environment for Man: The Next Fifty Years*, Bloomington: Indiana University Press, pp. 197-231.

[170] Lynch, K. (1960), *The Image of the City*, op.cit.

[171] Appleyard, D. (1970), "Styles and methods of structuring a city" in *Environment and Behavior*, vol.2, n° 1, pp. 100-116. Du même auteur, (1973), "Notes on urban perception and knowledge" in R. Downs, D. Stea (eds), *Image and environment*, Chicago: Aldine Publishing Company, pp. 109-114.

[172] Lagopoulos, A., Boklund-Lagopoulou, K. (1992), *Meaning and Geography. The Social Conception of the Region in Northern Greece*, op. cit.

[173] Chomsky, N. (1965), *Aspects of the Theory of Syntax*, Cambridge, MA: MIT Press.

[174] Greimas, A..J. (1966), *Sémantique structurale*, Paris: Larousse.

distinction de huit modèles de logique spatiale (central, concentrique, radial, axial, bi axial, serial, peripheral, pendulum). Un autre critère est la structure dynamique superficielle, c'est-à-dire la façon selon laquelle l'image évolue au cours de l'énonciation du discours ou au cours du projet. Nous avons utilisé ces trois critères dans notre recherche. Le troisième d'entre eux établit des catégories d'espace particulièrement intéressantes pour la programmation et la planification de l'environnement de l'habitation. Nous nous limiterons à la présentation de cette analyse.

Nous avons distingué quatre catégories de structure dynamique: l'orientation naturelle (le projet a comme point de départ la mer), l'orientation domicentrique (le point de départ est ici l'habitation ou la zone d'habitation), la progression de la périphérie au centre et enfin la progression du centre à la périphérie. Les pourcentages d'enfants les plus élevés sont concentrés dans les deux premières catégories. Parmi les enfants qui habitent le centre, 83% conçoivent l'image de la ville en ayant comme point de départ la zone de leur habitation. Pour les enfants de la périphérie, le pourcentage correspondant est de 42%. Parmi ces derniers, 54% appartiennent à la première catégorie de l'orientation naturelle, alors qu'à peine 13% des enfants qui habitent le centre ont été répertoriés dans cette catégorie d'espace.

Nous nous arrêterons sur la conception domicentrique de l'espace (tableau 3). Ce phénomène renforce les conclusions d'autres recherches relatives à cette question. Nous allons citer les plus importantes après un bref rappel de certaines caractéristiques des étapes du développement de la conception spatiale chez l'enfant.

Tableau 3
Représentation du centre par les enfants qui habitent au centre.
Répartition en fonction du secteur de résidence

	Enfants qui habitent au centre de la ville							
	quartiers du nord		*noyau historique et commercial*		*quartiers est du centre*		*Total*	
centre représenté	*fréquentation*	*%*	*fréquentation*	*%*	*fréquentation*	*%*	*fréquentation*	*%*
secteur de résidence	-	-	4	50,0	2	18,2	6	20,7
secteur plus vaste de résidence	7	70,0	4	50,0	7	63,6	18	62,1
autre secteur	3	30,0	-	-	2	18,2	5	17,2
Total	10	100,0	8	100,0	11	100,0	29	100,0

Freeman[175] a souligné l'importance, pour l'enfant qui doit s'orienter dans les grands environnements, de pouvoir se libérer des limites inhérentes à un premier système égocentrique d'orientation. Werner[176], lui aussi, a décrit le passage de l'égocentrisme au perspectivisme et son importance dans l'organisation de l'espace. Selon Piaget[177], ce progrès ne s'instaure pas avant l'avènement de la pensée réversible typique de la période opératoire: il a démontré, en collaboration avec Inhelder et Szeminska, que c'est seulement à ce niveau que l'enfant commence à orienter sa position et ses mouvements d'après des éléments fixes de l'environnement plutôt que d'après son seul point de vue égocentrique. Ce stade de l'orientation

---

175 Freeman, F.N., 1916, *Geography: Extension of Experience through Imagination*, Boston: Houghton-Mifflin.

176 Werner, H., "The concept of development from a comparative and organismic point of view" in D.B. Harris (ed.), *The Concept of Development*, Minneapolis: University of Minnesota Press, pp. 125-48.

177 Piaget, J., Inhelder, B., Szemniska, A. (1948), *La géométrie spontanée de l'enfant*, Paris: Presses Universitaires de France.

géographique et des représentations topographiques, appelé niveau des systèmes de référence fixes, semble marquer un niveau intermédiaire entre la première orientation égocentrique préopératoire et les systèmes coordonnés de référence de la période opératoire concrète.

Trowbridge[178] a déjà clairement montré l'efficacité d'un tel système : l'enfant choisit sa propre maison comme point nécessaire de référence fixe, de sorte que tout déplacement peut constamment se référer à des distances et à des angles définis constituant une figure trigonométrique simple qui indique la direction de la maison.

Dans une expérience sur la géographie aérienne, Hart[179] a observé que les enfants de neuf ans ne s'engagent pas dans une expérience d'apprentissage géographique utilisant des photographies aériennes avant d'avoir pu d'abord localiser leur maison ou leur école. Muchow & Muchow[180] et Rand[181] en arrivent aux mêmes conclusions sur le domicentrisme à partir de leurs observations sur les comportements spatiaux des enfants. Nous citerons enfin la recherche de Muchow & Muchow[182], qui ont étudié le comportement spatial de 100 enfants âgés de 9 à 14 ans. Ils leur ont demandé d'indiquer sur une carte de Hambourg les parties de la ville qu'ils connaissaient bien et celles qu'ils connaissaient seulement superficiellement. Il est apparu que pour les enfants les plus

---

178 Trowbridge, C.C. (1913), "Fundamental methods of orientation and imanary maps" in *Science*, n° 88, pp. 888-97.

179 Hart, R. (1973), Aerial geography: an expirimental study in elementary education, Unpublished M.A. thesis, Clark Univerity.

180 Muchow, M., Muchow, H. (1935), *The Life Space of the Child in the Large City*, Hamburg: Verlag.

181 Rand, G. (1969), "Some Copernican views of the city" in *Architectural Forum*, vol. 132, n° 9, pp. 67-81.

182 Muchow, M., Muchow, H. (1935), *The Life Space of the Child in the Large City*, op. cit.

jeunes, le centre-ville était déterminé par un intérêt égocentrique et un besoin immédiats ; pour les enfants un peu plus âgés, il était déterminé par le lieu et la rue d'habitation ; enfin pour ceux de 14 ans, l'espace s'achevait là où leurs activités prenaient fin et, bien que plus vaste dans son étendue, l'environnement connu était encore centré sur la rue du domicile.

Le rôle du domicile dans l'orientation spatiale des enfants et dans la reconstruction mentale de l'espace réel met en évidence la nécessité d'un projet approprié de la zone d'habitation au sens strict et au sens large. Cette zone, en tant que transition du familier au non familier, du proche à l'éloigné, de l'espace personnel à l'espace d'«autrui», devra comporter, à un niveau fonctionnel et sémiotique, des caractéristiques de l'espace familier qui s'estomperont progressivement, qui s'affaibliront avant d'être livrées à des logiques «différentes» d'organisation de l'espace urbain. Ce caractère familier de l'espace se construit à travers les réseaux et les formes d'activités et de contacts sociaux qui se développent dans cet espace et dont le fonctionnement est facilité ou au contraire contrarié et parfois détruit par les caractéristiques particulières de sa structure matérielle.

L'exemple de Thermi

Discontinuité de l'espace représenté

En passant à l'exemple de Thermi[183], nous remarquons que l'analyse des données ne conduit pas à des conclusions

---

183 Germanos, D., Tsoukala, K. (2000), «De la perception et évaluation de l'espace au projet. Interventions aux espaces publics ouverts de Thermi pour créer un environnement selon les besoins des adolescents » in K : Tsoukala (éd), *Architecture, Enfant et Éducation*, Thessalonique: Paratiritis; Germanos D., Tsoukala, K. (2000), "From space perception and evaluation to the design of environments for children. The example of Thermi" in *Revue Scientifique* de l'Ecole Polytechnique de Thessalonique, vol. 16, pp. 141-66.

différentes de celles qui ont résulté de la recherche qui s'est effectuée à Thessalonique. La similitude dans les résultats des deux recherches ne dépend pas de l'identification des catégories de l'espace subjectif qu'a montrée l'analyse. La taille différente des villes différencie le contenu des espaces subjectifs sans toutefois influencer le phénomène de discontinuité de l'espace urbain (du quartier vide). Cette dernière se rapporte à la règle principale des processus de représentation de la ville. L'abstraction qu'impliquent les éléments de l'espace réel de la carte de représentation de la ville n'est pas liée à sa taille à un degré déterminant pour le devenir de l'espace mental mais surtout au mode de vie, à la vie publique dans le cadre de l'époque contemporaine. Les enfants de Thermi ne représentent pas les détails avec la fidélité attendue en ce qui concerne la réalité du lieu de leur domicile. Là aussi, les activités et les références affectives jouent un rôle principal dans la construction de l'image du lieu (images 26a-d). Cependant, ces activités, comme nous l'avons vu dans un chapitre précédent, ne se différencient pas dramatiquement de celles qui correspondent aux grands centres urbains. Sous le poids des devoirs scolaires et des autres activités éducatives, la vie quotidienne des enfants s'épuise dans les espaces éducatifs et dans leur lieu de résidence, alors que les jours où ils n'ont pas école, le monde électronique et le jeu moteur revendiquent le principal rôle parmi les activités du temps libre. La représentation de la ville de Thermi comprend, dans la plupart des dessins, la place centrale et la zone qui s'étend de celle-ci au domicile de l'enfant (images 27-28).

Cohésion de l'espace mental et exactitude topologique

Cet espace est représenté à un degré satisfaisant de cohésion de ses éléments, avec une bonne exactitude topologique et exprime les limites subjectives de la ville qui s'identifient avec celles du quartier complété par le noyau central de la ville, la

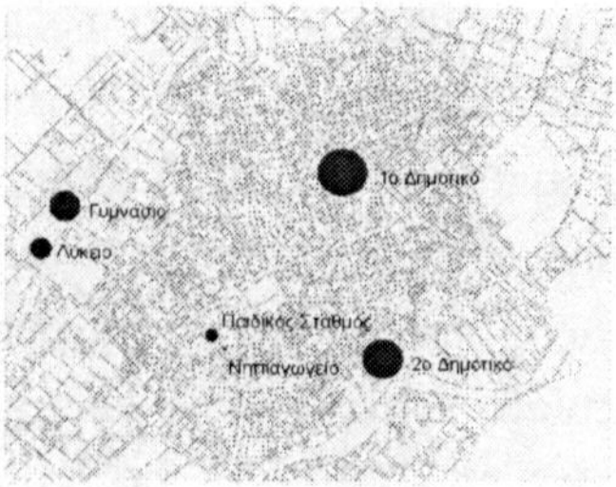

Image 26a. Eléments représentés sur les dessins des enfants. Bâtiments scolaires.

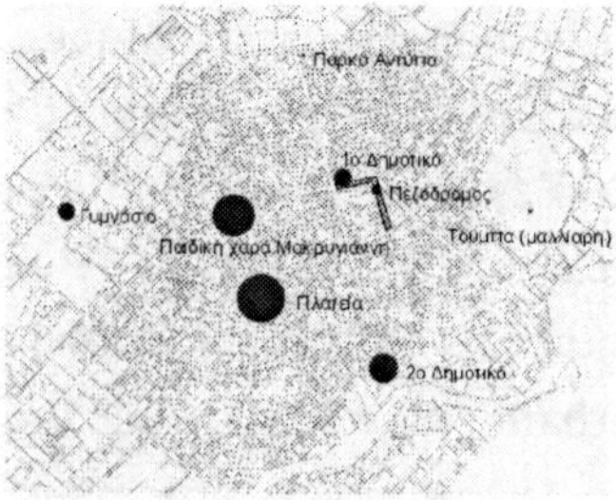

Image 26b. Eléments représentés sur les dessins des enfants. Espaces de jeux.

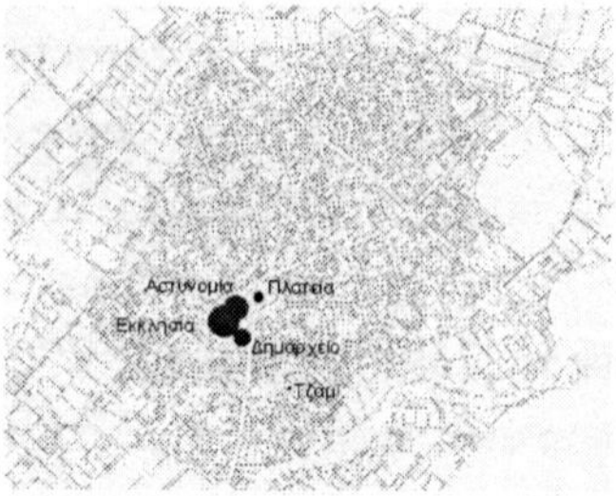

Image 26c. Eléments représentés sur les dessins des enfants. Bâtiments publics.

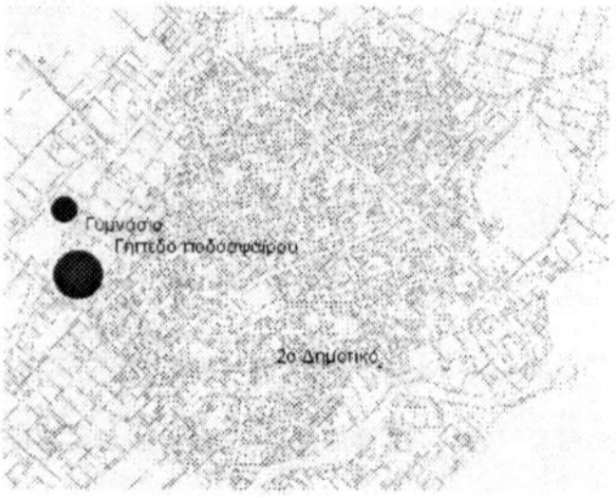

Image 26d. Eléments représentés sur les dessins des enfants. Espaces d'activités sportives.

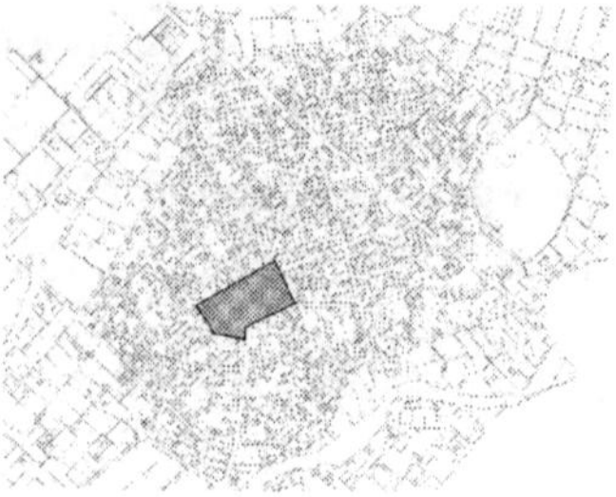

Image 27. Représentation de Thermi. Type *centre.*

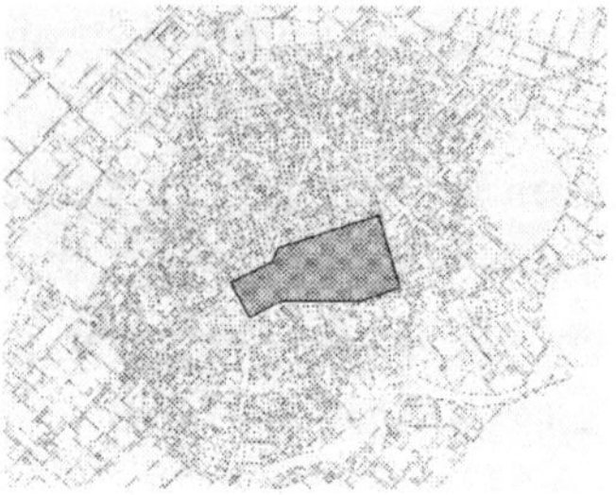

Image 28. Représentation de Thermi. Type *centre et quartier de résidence.*

place Paramana. Ce prolongement du quartier, de l'espace qui s'étend à une petite distance du domicile de l'enfant, au «centre» de la ville est dû à sa petite taille mais aussi à son organisation centrale radiale, éléments qui créent des distances relativement courtes des domiciles à la place centrale. Le caractère social de cet espace explique, lui aussi, son intégration dans l'image mentale. Les enfants qui habitent dans des quartiers plus éloignés du «centre» de Thermi dessinent soit exclusivement le «centre» de l'agglomération, soit le quartier plus vaste de leur domicile. Dans de nombreux cas, apparaissent sur la carte mentale des espaces isolés d'action des enfants tels que leur école, des espaces libres, etc.

Le rôle de l'échelle spatiale dans les écarts entre espace réel et espace vécu

Il faut mentionner qu'en ce qui concerne les espaces vides, les cartes subjectives de Thessalonique et de Thermi ne sont pas très différentes mais qu'on constate dans le cas de Thermi l'absence des types composés et génériques de la ville qui sont remarqués dans le cas des enfants de Thessalonique dans ses deux manifestations, l'idée générique sur la ville et ses secteurs composés. Cela peut être expliqué par la taille de la ville et par conséquent par les distances géographiques de certains de ses quartiers, éléments qui contribuent à l'appropriation de l'espace, au meilleur contact de l'enfant avec son environnement.

Chapitre 12

La représentation du centre-ville

La notion du centre

Nous avons observé qu'un grand nombre d'enfants parmi ceux qui habitent la périphérie de Thessalonique dessinent exclusivement le centre de la ville[184]. Ce choix ne s'explique pas par leur difficulté à représenter la ville dans son ensemble ou par le découpage spatial qui comprend la zone de leur domicile, le centre et l'espace urbain intermédiaire qui les unit. Bien que nous ne puissions pas ignorer le rôle que l'aptitude au dessin de l'enfant joue dans ses choix, la référence exclusive au centre pose le problème de la formation de l'identité de la ville à travers des éléments et des relations qui appartiennent à son noyau.

Ce noyau connu sous le terme de «centre» de la ville possède certaines caractéristiques et qualités qui peuvent expliquer à un certain degré les choix des enfants. Le centre, en tant que notion générale et non urbaine est défini comme le point qui occupe une place relativement privilégiée dans l'espace absolu. La géométrie euclidienne appelle centre le point situé à égale distance de tous les points du cercle ou de la surface de la sphère. Le centre en tant que lieu géométrique réduit au minimum la distance maximale qui le sépare des

---

[184] Tsoukala, K. (2001), *L'Image de la ville chez l'enfant*, op.cit.

autres points d'un ensemble. Cette position du centre ne sous-entend pas l'absence de forces agissantes[185]. Au contraire, l'équilibre d'un tel point foisonne d'intensité. Point dominant dans l'espace, chargé d'énergie, le centre crée des forces centripètes et définit par conséquent un champ qui a comme référence principale cet élément central précis.

En urbanisme, le centre doit son énergie et sa puissance non seulement à sa position géographique mais aussi aux pratiques sociales, aux usages urbains, à la relation qu'il développe avec le reste des endroits de la ville destinés aux habitants, à l'ampleur des usages (dans la mesure où ils sont activés à chaque fois par un nombre précis d'individus), aux flux des individus, des biens et des informations, à sa charge historique et à ses significations collectives[186]. Tous ces facteurs contribuent à la création d'un pôle dont le champ d'influence s'étale sur des étendues géographiques qui, dans le cas de certaines villes, dépassent les limites de l'agglomération urbaine. A cause de ses qualités, de ses origines historiques, de ses caractéristiques économiques, sociales et culturelles, le centre devient le symbole et l'image de l'ensemble de la ville. Lefebvre[187] considère le centre comme un des «constituants de l'animation de la ville», dont l'importance dépasse la fonctionnalité et est liée à son hyperfonctionnalité. Il soutient que le centre ne doit pas être un simple centre de consommation et de prise de décisions, mais un centre fondamental qui réunit l'éducation, la culture et l'information. Dans la réalité, les fonctions et les caractéristiques du centre diffèrent selon

---

185 Huriot, J.M., Perreur, J. (1994), «La centralité» in J.P. Auray, A. Bailly, P.H. Derycke, J.M.Huriot (eds), *Encyclopédie d'économie spatiale*, Paris: Economica, pp. 47-53.

186 Labasse, J. (1971), *L'Organisation de l'espace. Eléments de Géographie volontaire*, Paris: Hermann.

187 Lefebvre, H. (1977), *Le Droit à la ville* (trad. grecque P. Tournikiotis, C. Lauran), Athènes: Papazisis.

l'histoire, la taille et l'importance de la ville et sont directement liées aux structures socio-économiques et aux choix politiques des organes administratifs[188].

Centralité et image dans le cas de Thessalonique

Le centre de Thessalonique, situé entre la mer et la Ville Haute qui s'étend le long de pentes abruptes, marqué des empreintes de l'histoire et dont l'activité commerciale et la vie sociale sont intenses, est l'espace de la mémoire collective des habitants de la ville, lieu condensateur des activités et des significations. Ses multiples couches historiques, de l'époque romaine à l'époque moderne, coexistent avec des constructions et des tracés contemporains, tantôt pacifiquement, tantôt en affirmant d'une manière conflictuelle leur différence. Les tensions que cette coexistence engendre sont renforcées par la topographie de l'espace formé par le niveau de la mer étale et infinie et les pentes raides des hauteurs. Mer et montagne, limites naturelles de la ville, lui confèrent sa forme oblongue et linéaire, développée presque symétriquement de part et d'autre

---

[188] Lagopoulos, A. Ph. (1969), *Le Centre de la métropole*, Athènes: Ecole Nationale Polytechnique Metsovio; Zafiropoulos, S., Stathakopoulos, P., Tsitiridou, S., Tsoukala, K. (1986), «Concept et fonction du centre ville» in *Revue Scientifique* de l'Ecole Polytechnique de Thessalonique, vol. 9, pp. 437-97. Sur les centres des villes grecques: Photopoulou-Lagopoulou, I. (1978), *L'évolution du centre d'Athènes*, thèse de Doctorat, Thessalonique: Université Aristote. Voir aussi: Zafiropoulos, S., Stathakopoulos, P., Tsitiridou, S., Tsoukala, K. (1985), «La revalorisation du centre de la ville. Le cas de Larissa. Référence à Thessalonique» in Actes du Colloque *Environnement et Qualité de vie*, Thessalonique, vol. 1, pp. 53-60. Sur la problématique concernant l'évolution et les problèmes des centres des différentes villes: Suquet-Bonnaud, A. (1966), *Le Problème des centres des villes à l'étranger*, Paris: C.E.D.E.S.; Klaine, R., Bloch, E., Piéron, J. (1984), *Qualité de la vie et centre ville*, Institut Européen d'Ecologie/Département des Sciences de l'Homme et de la Société; Grandsard, A. (1970), *La Crise des centres. Notes sur l'évolution du centre des villes américaines*, Paris: Centre de Sociologie Urbaine.

du centre. La variété morphologique et fonctionnelle du centre est interrompue par l'élément liquide sans le truchement des remparts qui autrefois protégeaient cette partie sud de la ville. Seule une tour reste debout, vestige d'un temps révolu, symbole de vie et de civilisation, dans la zone de promenade du front de mer. Bien que la construction du centre ait ignoré les besoins de certaines catégories de population, y compris celle des enfants (ce qui a eu pour conséquence le rétrécissement des espaces publics ouverts), la zone du front de mer a fourni un espace généreux aux activités de la vie publique, en particulier dans sa partie la plus récente. Malheureusement pourtant, l'absence d'une planification des utilisations de l'espace public et l'absence d'une volonté politique qui aurait favorisé la création d'espaces de loisirs et d'éducation pour les enfants et les adultes, ont eu comme conséquence l'association de cette zone à un lieu de promenade principalement, offrant une grande étendue consacrée exclusivement au mouvement (avec des points et des aires de repos), avec une alternance de matériau dur et plus doux (gazon).

Dans des chapitres précédents, nous avons déjà fait référence aux activités des enfants dans le centre de la ville et à leur fréquence d'apparition, conformément à l'enquête sur le terrain que nous avons effectuée à Thessalonique. Ces deux derniers éléments - nature et fréquence de l'activité - constituent des facteurs qui influencent la relation qui se développe entre l'enfant et l'espace sociogéographique de la ville. Ces facteurs ne dépendent pas exclusivement des éléments sociaux, morphologiques et fonctionnels de l'espace en question. Des facteurs culturels, économiques mais aussi géographiques (distance du domicile au centre) influencent également cette relation. Le centre de la ville est évoqué comme un lieu de promenade par les enfants. Les références au jeu et aux achats sont beaucoup moins nombreuses tandis que la diminution du nombre des références liées à des activités à connotation culturelle est inquiétante. Ces phénomènes ont été largement commentés dans des chapitres précédents. Leur bref rappel nous semble ici indispensable à la compréhension de ce qui va suivre.

La représentation de la ville s'identifie à son centre dans 63% des cartes mentales. Cette catégorie de représentations va à présent retenir notre intérêt. 57% des enfants qui habitent les zones périphériques de la ville dessinent exclusivement le centre de Thessalonique. L'analyse de ces dessins selon le critère de l'étendue de l'espace représenté nous a permis de distinguer quatre catégories : le centre point, le centre axe, le centre zone de faible étendue et le centre zone de grande étendue (images 29-32).

La première catégorie regroupe des enfants qui dessinent un seul élément, la Tour Blanche. Le centre est condensé dans cet élément - symbole qui faisait partie autrefois des remparts byzantins de la ville. Aujourd'hui, la tour se dresse seule dans la zone qui borde la mer, à son point le plus sensible, la courbure du golfe, là où se rencontrent l' «ancien» et le «nouveau» front de mer. Sa position, sa forme et sa taille renforcent ses caractéristiques historiques. Emblème de la ville, elle renferme son histoire et devient le choix dominant dans les images mentales des enfants. Il s'agit du symbole qui survit dans les

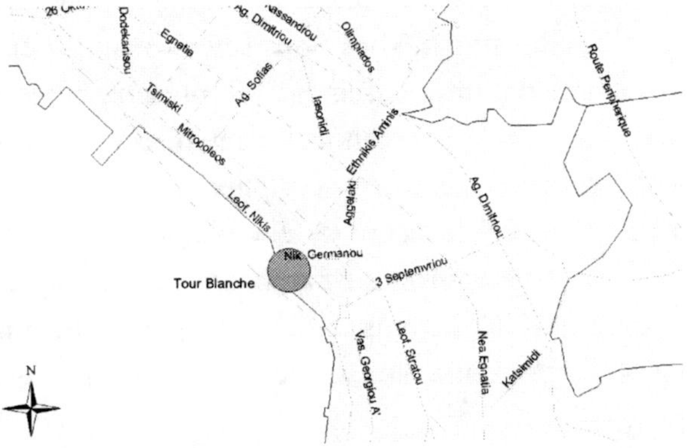

Image 29. Représentation du centre. Catégorie: *centre point*.

mémoires indépendamment de la fréquence des visites et des activités des enfants au centre de la ville, indépendamment de leur mode de déplacement, qu'ils soient accompagnés de leur parents ou qu'ils se déplacent de façon autonome dans l'espace.

La deuxième catégorie comprend les dessins qui représentent des trajets d'une longueur qui varie de 50 mètres environ à un kilomètre. La zone du front de mer et certains axes du centre sont représentés d'une manière continue ou discontinue. Le caractère commercial et social de ses trajets (grand nombre d'individus, variété des comportements microsociaux, etc.) ainsi que leurs caractéristiques géographiques (dans le cas de l'avenue longeant la mer: dégagement, vue, proximité avec l'élément liquide) contribuent à leur fonctionnement comme cadres matériels d'expériences et de vécus. Grâce à cette qualité, ils deviennent des éléments de l'identité de l'image mentale de la ville.

A la troisième catégorie enfin, appartiennent les dessins des enfants qui représentent un réseau d'éléments spatiaux, de petite ou grande surface. Les enfants qui habitent à la périphérie et qui appartiennent à cette catégorie ne représentent pas de grandes parties de l'espace. Au contraire, les enfants qui habitent au centre dessinent des zones d'une plus grande étendue, avec des informations plus denses et des détails sur l'environnement représenté. Dans ce cas, le centre «s'identifie» au quartier de l'enfant, il est le lieu de ses contacts sociospatiaux quotidiens et de ses activités (tableau 4). Nous nous référerons plus en détail à ses représentations ultérieurement. A présent, nous allons nous limiter à la compréhension et à l'interprétation de ce qui est représenté par les enfants de la périphérie.

Tout d'abord, le faible degré de complexité des dessins qui caractérise les trois catégories susmentionnées s'explique par la relation passive que les enfants entretiennent avec le centre de la ville (la plupart d'entre eux se déplacent accompagnés de

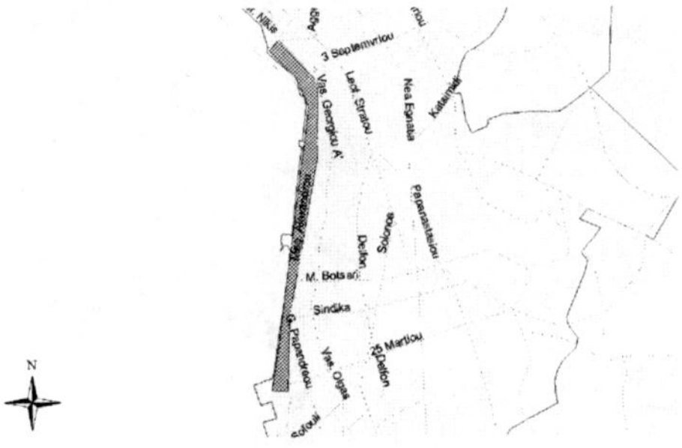

Nouvelle zone littorale

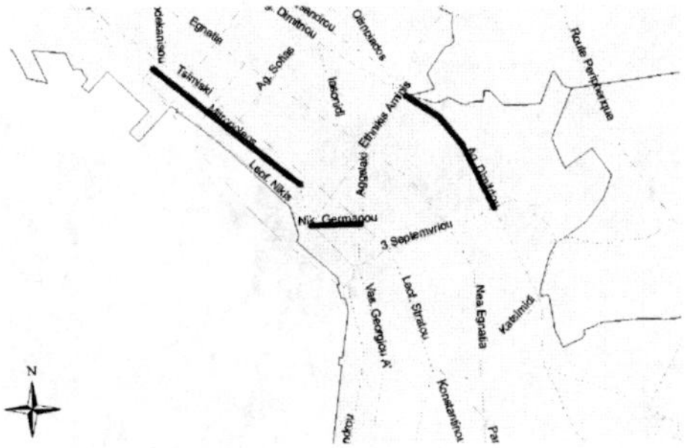

Axes – Centre historique et commercial

Trajet de bus

Image 30a-c. Représentation du centre. Catégorie: *centre axe*.

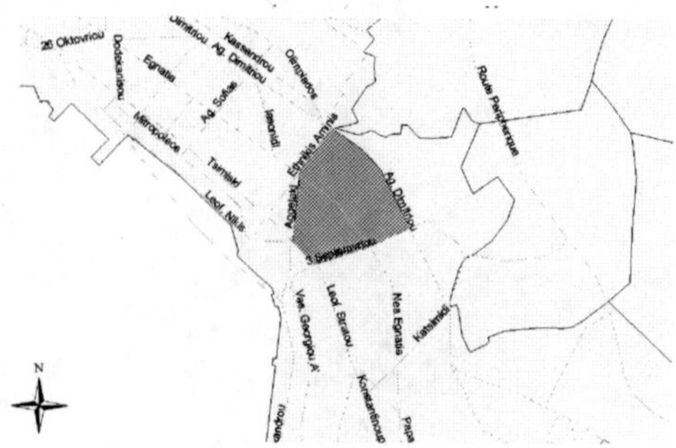

Foire d'exposition internationale -Cité universitaire

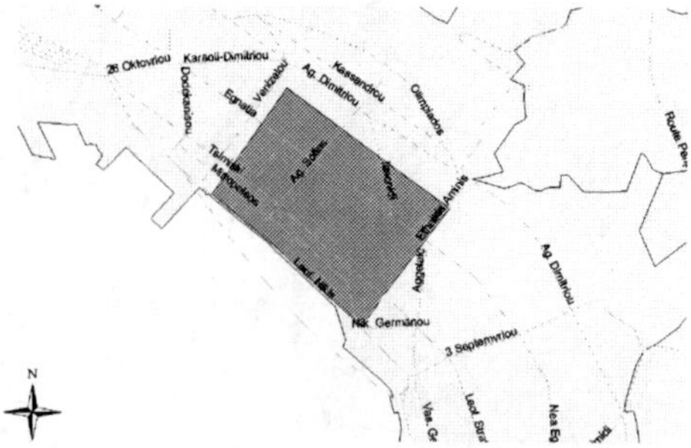

Aire plus vaste de la zone ancienne littorale

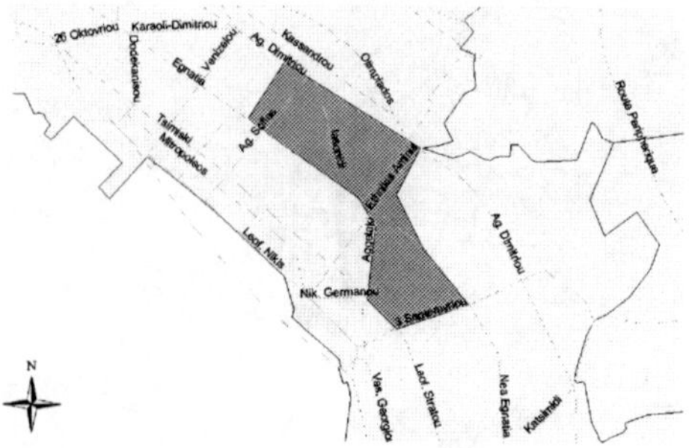

Découpage du noyau historique central

Image 31a-c. Représentation du centre. Catégorie: *centre-secteur*.

Aire plus vaste de la zone littorale, ancienne et nouvelle

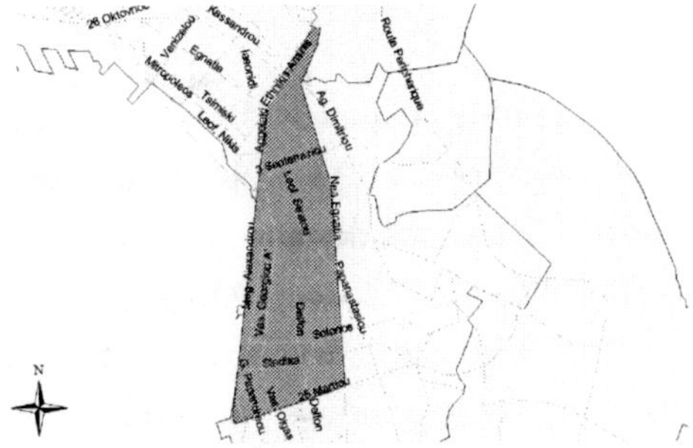

Aire plus vaste de la nouvelle zone littorale

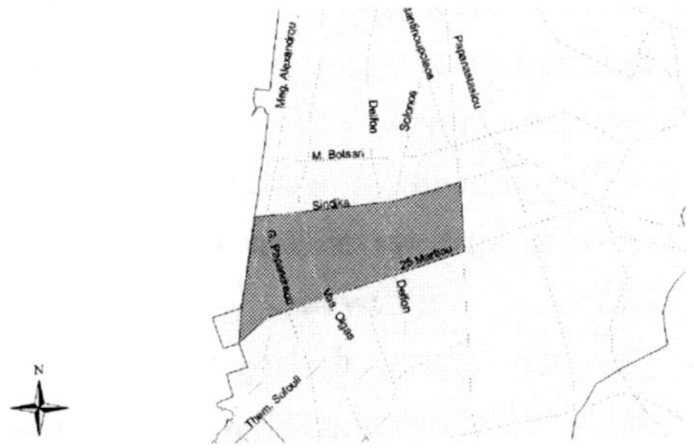

Découpage du secteur central (à l'est du centre historique)

Image 32a-c. Représentation du centre. Catégorie: *centre secteur*.

Tableau 4
Représentation du centre.
Répartition en fonction du secteur de résidence.

	Secteur de résidence			
Le centre représenté	*périphérie*		*centre*	
	nombre d'enfants	*%*	*nombre d'enfants*	*%*
Centre	16	57,1	1	3,9
Centre axe	5	17,9	4	15,4
Centre petit secteur	6	21,4	4	15,4
Centre grand secteur	1	3,6	17	65,4
Total	28	100,0	26	100,0

leurs parents), par la faible fréquence de leurs contacts, par le type d'activité qu'ils développent à l'intérieur de ses limites (promenade, achats). Dans ces dessins d'une complexité moindre, qui s'écartent beaucoup de l'espace réel du centre, des symboles historiques (la Tour Blanche), des usages commerciaux et des caractéristiques sociogéographiques (itinéraires de promenade, limite avec la mer) constituent les choix dominants des enfants. La ville s'identifie à son centre, à la zone dans laquelle on observe une grande concentration d'usages et d'individus, où les constructions du passé, débris de la civilisation locale, se transforment en symboles - condensateurs des significations de la ville.

Le fait qu'un pourcentage élevé d'enfants identifie la ville à la zone où se développent des activités sociales variées (tableau 5), celle qui nous renseigne sur la culture et l'histoire de la ville, là où les mémoires collectives donnent une dimension temporelle à l'espace en le distinguant de l'espace de la périphérie fait de la centralité une valeur qui influence les choix spatiaux de l'enfant et par conséquent la construction de l'image mentale de la ville aussi.

Tableau 5
Représentation du centre. Répartition en fonction de l'activité sociospatiale.

	Activités sociospatiales							
	Secteur de résidence							
	périphérie				*centre*			
Le centre représenté	*activité spatiale stratégique*		*activité spatiale passive*		*activité spatiale stratégique*		*activité spatiale passive*	
	n.d'enf.	*%*	*n.d'enf.*	*%*	*n.d'enf.*	*%*	*n.d'enf.*	*%*
Centre point	-	-	16	57,1	-	-	-	-
Centre axe	-	-	5	17,9	-	-	-	-
Centre petit secteur	-	-	7	25,0	-	-	5	100,0
Centre grand secteur	-	-	-	-	18	100,0	-	-
Total	-	-	28	100,0	18	100,0	5	100,0

Ce noyau central, accessible ou difficile d'accès, selon la distance qui le sépare des zones d'habitation des enfants, selon le groupe social auquel ils appartiennent - ses possibilités économiques, ses intérêts culturels ou les marges de son temps libre - semble condenser son tissu dans ces qualités qui l'inscrivent comme «ville» dans la conscience des enfants. Par conséquent, la «ville» n'est pas une agglomération homogène, uni fonctionnelle, qui aurait comme usage principal celui du logement et qui aurait d'autres usages secondaires créés accessoirement pour la satisfaction des besoins essentiels de ceux qui habitent cet espace. La «ville» est l'espace plurifonctionnel où le commerce, les loisirs, le travail, les services, le logement se mêlent et coexistent, offrant le maximum aux sens, aux besoins, aux désirs des individus. La «ville» est l'espace qui donne une possibilité de choix entre un large spectre d'activités et des espaces offerts.

Centralité nouvelle et ancienne. Réflexions sur les changements de l'espace vécu

Une décennie entière nous sépare de la période où la recherche a été effectuée. C'est une durée suffisante pour que les conclusions et les comportements se modifient sous l'impact des faits urbains qui apparaissent pour la première fois à Thessalonique. Des noyaux plurifonctionnels s'installent à la périphérie de la ville, aux limites de la campagne ou même en dehors, c'est-à-dire dans le paysage rural, concurrençant en richesse et en variété les activités du centre de la ville. Nous évoquons ici, en exagérant peut-être, une question qui a été posée dans la bibliographie internationale dès les années 80 ou vers la fin des années 70: la décadence progressive de la suprématie du centre, la contestation de son caractère unique.

La culture de l'automobile et de la consommation d'une part et le manque de terrains dans le centre des villes d'autre part sont inextricablement liés à l'apparition de ces espaces polyvalents dans la périphérie. De grosses sociétés choisissent l'espace périphérique pour leurs échanges commerciaux et offrent parallèlement des formes variées de loisirs. Ce type de «ville» créé dans la ville absorbe une grande partie des activités du centre. Un tel exemple pour la ville de Thessalonique est *Carrefour,* qui est aujourd'hui un des lieux les plus fréquentés de la ville, malgré son isolement spatial et son éloignement du tissu urbain. Des champs et un réseau d'autoroutes délimitent ce centre polyvalent qui offre, outre sa fonction commerciale initiale, une grande variété d'activités qui se sont développées très rapidement.

Certains chercheurs soutiennent que ces lieux sont de nouveaux faits urbains qui concurrencent le centre même de la ville[189]. La proximité des activités offertes dans les domaines du commerce et des loisirs facilite les pratiques des individus en

---

[189] Baudrillard, J. (1970), *La Société de consommation*, Paris: Denoël; Sze Tsung, L. (2001), "...And then there was shopping" in R. Koolhaas & al. (eds), *The Harvard Design School Guide to Shopping*, New York: Taschen, pp. 129-56; Tsoukala, K.,Daniil, M. (2003), "Metapolis: The destiny of the city during the globalization age. The example of Euralille, built and behavioral space" op.cit.

neutralisant des facteurs inhibiteurs comme le temps nécessaire pour passer d'une activité à une autre ou la recherche d'une place de parking pour la voiture. Ces centres polyvalents offrent un accès facile et de multiples foyers de consommation, de biens et de spectacles et constituent ainsi une solution alternative à celle du domicile. Il est vrai que, pour certaines classes sociales du moins, les domiciles disposent d'un grand nombre d'accessoires qui ont pour but de maintenir le plus longtemps possible l'usager à la maison. De nouveaux systèmes de «*home cinema*» et de chaînes hi-fi remplacent les vieux systèmes de télévision - vidéo - tourne-disques et se substituent presque à l'expérience des salles obscures. Les ordinateurs, les jeux vidéo et l'accès à l'Internet incitent à une utilisation de longue durée[190]. Il est vrai, par ailleurs, que l'augmentation considérable du temps de travail des parents, qui réduit constamment leur temps libre, c'est-à-dire le temps «partagé» de la vie familiale, fait que les membres de la famille dépendants à cause de leur âge restent au domicile et consomment la réalité «virtuelle» des systèmes numériques.

Malgré les nouvelles dimensions spatiotemporelles attractives de l'époque contemporaine, l'espace directement public et social de la ville, dont le centre est très dense en activités et en significations, constitue un élément structurel de la vie de ses habitants. D'ailleurs, cela est confirmé par la tendance à l'implantation dans les espaces publics ouverts des villes des centres commerciaux polyvalents. La création d'espaces piétons, l'aménagement d'abris et de fond - spectacle relatif aux produits destinés à la consommation, une température contrôlée et un projet dont le critère principal est la communication directe piéton - vitrine créent un espace ouvert «introverti» nécessaire au comportement consommateur désiré. Le centre et la variété, la richesse et la complexité de ses

---

[190] Baudrillard, J. (1970), *La Société de consommation*, op.cit.

éléments exercent une force attractive sur les individus, malgré leur orientation vers les formes spatiotemporelles contemporaines de loisirs et de consommation. Cela conduit à la réinstallation du *shopping center* sur son sol.

Cette force attractive du centre due à ses qualités symboliques, sociales, économiques et culturelles, force qui agit aussi sur les enfants en influençant leurs choix et leurs préférences, doit être accentuée par des espaces et des trajets sans danger destinés aux activités - éducatives et de loisirs - des individus de cet âge. Le centre, émetteur de messages, joue un rôle prédominant dans la formation de l'identité de la ville et doit renforcer ces fonctions qui sont liées aux activités des enfants, en les intégrant à l'objectif plus général de la création d'un champ spatial et urbain destiné à leur éducation et à leur instruction. Nous reviendrons plus en détail sur ces propositions dans la conclusion de cette étude.

Conclusion: la recherche du pédocentrisme et l'«autonomie» du projet

Nombreux sont ceux qui, à l'exemple de Kevin Lynch, ont tenté d'enrichir la langue de l'architecture et de l'urbanisme avec des notions qui prennent leur signification dans les différentes conclusions auxquelles arrive l'étude des relations entre l'espace bâti et l'homme. Nous ne nous référons pas à la relation visuelle qui alimente l'esthétique d'un lointain passé à nos jours, et qui forme ses «normes», comme la couleur, la taille et les proportions des éléments spatiaux, leur structure et leurs matériaux, bien que Lynch[191] recherche cette relation à une autre échelle, celle de la ville. Influencé par le Gestalt et les lois d'organisation de l'image visuelle de l'objet, Lynch cherche en réalité à découvrir l'«esthétique» de la ville, une esthétique «fonctionnelle» dont le rôle ne se limite pas à la création d'un sentiment agréable mais est de pénétrer des fonctions mentales comme celles de la lisibilité de l'espace et de l'orientation dans l'espace, fonctions qui se rattachent au sentiment de sécurité et de confort.

L'expérience que Lynch a faite dans trois villes - New Jersey, Boston et Los Angeles - a vérifié les hypothèses qu'il avait posées sur le rôle significatif des éléments morphologiques de l'espace dans la compréhension de l'environnement et dans l'orientation de

---

191 Lynch, K. (1960), *The Image of the City*, op.cit.

l'individu dans l'espace. La morphogenèse de la ville établie selon les règles de l'organisation visuelle perceptible de l'objet est développée dans la conclusion de son livre; ce dernier devient la référence constante de tous les chercheurs qui suivent son exemple - même de ceux qui ont évalué négativement son œuvre. Points de repère, limites, voies, nœuds et quartiers seront des mots-clés de l'organisation de l'environnement pour les enfants et les adultes, pour des espaces fermés et ouverts, pour des environnements de petite et grande échelle. Le mode d'articulation de ces éléments, leur structure, leurs ressemblances et leurs différences, la direction et la séquence temporelle de leur formation spatiale, leurs caractéristiques morphologiques partielles sont cités comme conclusions de la recherche de Lynch et constituent ainsi pour les approches épistémologiques adverses une cible ouverte à des critiques négatives sur des questions méthodologiques, comme celle des critères de sélection des variables de la recherche, qui l'inscrivent inévitablement dans le courant du déterminisme environnemental et du formalisme. L'absence de variables économiques, sociales et culturelles qui sont liées à l'individu et à l'environnement rend vulnérable la crédibilité et la validité des conclusions de la recherche, qui est ainsi inscrite «plutôt» dans l'esthétique «expérimentale» que dans la psychosociologie de l'espace. Cependant, malgré le confinement de son travail dans la relation visuelle individu - environnement, Lynch contribue indubitablement à la recherche en architecture et en urbanisme.

Cela est prouvé non seulement par les innombrables références aux notions que Lynch introduit dans le projet mais aussi par les travaux expérimentaux portant sur le même objet et dont l'approche épistémologique est similaire ou différente, ouvrant ainsi un nouveau champ scientifique à la recherche en architecture et en psychologie sociale.

Le changement de paradigme, si nous pouvons avancer une telle hypothèse, le glissement du point de vue esthétique et fonctionnel sur le projet vers un point de vue anthropocentrique qui cherche à insérer dans l'espace matériel bâti les besoins, les désirs et les attentes de ceux qui l'habitent, se situe dans les années 50 et 60, période de crise du mouvement moderne et plus généralement de la civilisation moderne. Se tournant vers les sciences sociales, la psychologie du développement, la psychanalyse et la psychologie sociale, vers des processus participatifs ainsi que vers la mémoire collective, vers des symbolismes et vers des formes archétypales, l'approche postmoderne propose le projet «anthropocentrique» ou «sociocentrique», dans une période porteuse de changements conduisant certains des phénomènes de l'époque moderne vers des valeurs extrêmes ou bouleversant d'autres sous la pression de la nouvelle réalité démographique, culturelle et technologique[192].

Alors que les grands ensembles urbains s'étendent en abolissant toute notion «traditionnelle» d'échelle humaine, les nouvelles conditions créées par l'économie de la mondialisation suppriment les motifs de leur existence. Le besoin de proximité demandé pour les unités économiques et la ville, pour le domicile et le travail et pour les échanges est éliminé. Le déplacement, la vitesse, la réalité numérique remodèlent l'espace architectural et urbain. Un nouveau réseau spatiotemporel organise à l'aide de l'économie du marché les relations sociales, le contact avec l'environnement, les activités. En même temps, des bouleversements politiques provoquent des déplacements massifs de population, engendrant ainsi le phénomène des sociétés multiculturelles. Des changements dans la structure de la famille mettent sur de nouvelles bases le débat sur l'habitation et l'habitat, influençant avec le phénomène de la consommation les questions portant sur le caractère et les

---

[192] Tzonos, P. (1985), *Quatre systèmes des valeurs de la théorie de l'architecture contemporaine*, Thessalonique: Paratiritis.

relations de l'espace privé et public. Des «villes» à l'intérieur de la ville, les «villes» circonscrites proposées par des architectes contemporains, «remplacent» l'espace public des villes, attirant par la variété du spectacle offert les citoyens de tous âges: ces «villes» concurrencent la ville, son centre, lieu de la mémoire collective, condensateur de contacts sociaux et d'activités. Baudrillard[193] n'hésite pas à attribuer à la consommation l'ampleur des changements observés, soutenant que l'objet, éloigné des besoins du sujet, devient autonome et séduit. Le destin de l'objet envahit le désir du sujet. Cette nouvelle valeur de notre système culturel organise l'espace urbain: nous pouvons soutenir, nous alignant sur la réflexion du penseur français, que le destin de l'espace et non sa valeur utilitaire marque le point de vue urbanistique contemporain. L'espace de la ville devient sujet au service de la consommation: sa programmation et son organisation, ses fonctions et sa forme ont comme modèle d'habitant «celui qui consomme la ville comme une image de lui-même et comme une compilation des questions qui assurent la promotion de la consommation des produits à travers une image symbolique»[194].

Ces phénomènes, intenses dans les centres urbains métropolitains, plus modérés dans des villes de moindre importance, posent en termes nouveaux la relation de l'homme et de son environnement. Quelle est l'image que les habitants ont de leur ville?

La recherche sur les questions de représentation mentale de l'espace a montré que la reconstruction de l'espace réel est due à la contribution de plusieurs facteurs. Parmi ceux-ci, on distingue le rôle de l'activité et du mouvement de l'homme,

---

[193] Baudrillard, J. (1970), *La Société de consommation*, Paris: Denoël. Voir aussi Baudrillard, J. (1968), *Le Système des objets*, Paris: Gallimard. Du même auteur: (2000), *Mots de passe*, Paris: Pauvert.

[194] Mantzou, P. (2003), "The mall as a model for public space" in Proceedings of the Conference *Transformations of the Greek City*, Athens.

celui des significations culturelles, sociales et affectives attribuées aux éléments spatiaux, celui des symbolismes et celui de la forme et de la composition de l'espace. Les marques de l'histoire, les mémoires collectives, les vécus sociaux et affectifs, l'action et le mouvement, la syntaxe même de l'espace, l'organisation de la forme spatiale renforcent l'information environnementale sensorielle.

L'activité semble acquérir un poids particulier dans les processus mentaux de la représentation de l'espace, à travers la combinaison de ses éléments microstructurels et macrostructurels. Notion cruciale pour l'interactionnisme social, l'activité est un moyen de compréhension et d'interprétation de l'espace représenté. Par ses caractéristiques macrosociales (cadre de fonctionnement et forme d'activité déterminés par le système politique et culturel en place) et par ses éléments microstructurels (motifs, objectifs, actions et opérations du sujet, systèmes de communication microsociaux), l'activité, combinée avec l'origine sociale, le sexe et les divers systèmes sémiotiques de notre civilisation (un tel exemple est l'espace bâti) interprète le comportement spatial de l'homme. Nous appuyant sur ce cadre épistémologique, nous avons tenté d'étudier l'espace non seulement comme un champ culturel et social (niveau macrosocial) mais aussi comme facteur de l'activité, des actions et des opérations de l'homme, comme un système matériel et sémiotique qui participe à celles-ci et s'y implique, dans un réseau de situations de communication interactives. Nous avons recherché les répercussions de cet aspect de l'espace sur le comportement de l'enfant. La recherche a vérifié l'hypothèse de départ concernant les facteurs qui conditionnent la synomorphie de l'espace subjectif et de l'espace réel (faibles écarts entre l'espace représenté et sa composition et son organisation réelles dans le cas où l'espace est impliqué dans l'activité de l'enfant en comparaison avec le cas de la fonction de l'espace comme simple cadre matériel de cette activité). Un rôle important est joué également par les schémas de communication interactifs (relations et contacts sociaux) dans les écarts entre l'image de l'espace et l'environnement réel.

Tous les contextes spatiaux d'action de l'enfant, d'un caractère ouvert ou fermé, d'une petite ou d'une grande échelle, acquièrent une identité, une structure et un sens - pour utiliser les caractéristiques de l'espace proposées par Lynch - à travers la relation interactive des hommes entre eux et avec l'espace bâti. Caractéristiques qui se renforcent dans le cas de la «centralité» de l'espace, au sens d'une forte densité et d'une forte complexité des fonctions, des contacts sociaux et des symbolismes.

La relation de l'enfant avec les cadres spatiaux matériels dans l'environnement urbain contemporain acquiert un caractère «impersonnel» et neutre, elle est une relation «parallèle» et non interactive. L'espace est accrédité de sens non par la qualité d'un environnement géographique proche ou éloigné mais principalement par celle des schémas de communication qui délimitent le mode d'action de l'enfant en son sein. Sans pour autant signifier que le facteur géographique (lieu de résidence, emplacement et distance d'espaces - cadres d'activités éventuelles) n'influence pas les comportements spatiaux.

Sous certaines conditions sociospatiales, le proche devient éloigné et inversement des espaces distants revêtent un caractère familier et personnel. Le bâtiment scolaire, environnement quotidien de l'enfant, situé à une courte distance géographique de son domicile peut constituer un cadre matériel de vie «froid» et impersonnel, ayant des traits non reconnaissables. En revanche, des environnements géographiquement éloignés du lieu du domicile de l'enfant acquièrent des codes significationnels variés. Le trajet quotidien du domicile à l'école et la zone propre d'habitation (quartier) prennent un caractère non familier sous l'influence de certains facteurs, tandis que l'enfant s'approprie des zones éloignées de la ville qui s'intègrent au système des environnements reconnus et non hostiles. Des facteurs sociogéographiques et sociospatiaux vont jouer un rôle crucial dans le devenir de l'image de l'environnement.

Nous allons nous référer de nouveau aux caractéristiques de la ville contemporaine mentionnées auparavant pour y ajouter celles créées par le point de vue urbanistique dominant au début du XXe siècle et le mode de production de l'espace dans les sociétés d'économie capitaliste. La primauté du véhicule sur le piéton dans les rues de la ville, la transformation de la place urbaine qui, d'un espace public, devient un point nodal de circulation, les extensions continuelles du tissu urbain qui ont pour résultat la création de concentrations d'habitations ayant des caractéristiques différentes de celles des villes et l'absence d'espaces publics destinés aux activités de temps libre des individus de tous âges sont des traits «communs» aux centres urbains d'une grande taille de population. A la grande distance géographique qui sépare les zones qui composent l'agglomération, s'ajoute l'éloignement de l'homme du système des trajets de la ville et plus particulièrement celui de l'enfant, qui est confiné dans des espaces destinés spécialement à ses activités, dont l'organisation est le plus souvent «malheureuse» puisqu'elle ne prend pas en compte son développement global. Nous ne manquerons pas de citer les changements intervenus dans la hiérarchisation des zones ayant comme centre le domicile et comme critère la qualité sociale et affective de son environnement. Des changements dans la composition de la population de cet environnement, des transformations dans la structure familiale et dans le mode de vie des hommes ainsi que la pénétration de l'automobile dans l'ensemble des trajets, de caractère local ou non, font perdre ses caractères sociaux et affectifs au «quartier», qui survit désormais comme unité urbaine dont les fonctions sont capables de répondre aux besoins fondamentaux de la population. Pour compléter l'image de la ville et du mode de vie contemporains, nous allons nous référer brièvement (nous en avons fait mention plus en détail précédemment) au glissement de l'espace public vers les «villes» circonscrites, protégées qui ont été créées à l'intérieur de la ville et concurrencent son centre, ainsi qu'au domicile qui abrite dans son espace, à travers les télé systèmes numériques, des activités et des thèmes naguère étrangers à son caractère privé.

Constatant que les données concernant la ville contemporaine tendent vers la lisibilité d'un environnement étranger à l'enfant et à ses besoins de mouvement, d'action, de confrontation constante à des stimuli divers et complexes, de contact interactif avec d'autres individus et groupes mais aussi avec l'espace même, nous considérons opportune la réactualisation - sous de nouveaux termes - de la problématique développée dans le passé par la communauté scientifique autour des questions concernant une relation équilibrée enfant - ville.

Malgré l'argumentation des défenseurs zélés des espaces de discussion sur l'Internet (*chat-rooms*) et des autres salons numériques sur le caractère public de ces «espaces», nous estimons que ces nouveaux champs de communication et de socialisation de l'homme ne sont pas en mesure, à cause de leurs qualités (acte de communication indirecte au moyen de l'image de l'«autre»), de transmettre à leur «visiteur» la richesse de l'expérience sociale de l'environnement naturel. De même, l'expérience environnementale des «villes» circonscrites (centres commerciaux polyvalents, parcs thématiques) diffère de celle de la ville malgré la variété des stimuli qu'elles proposent. La ville que le temps a modelée, avec les édifices, les rues et les places qui composent son histoire, avec les mémoires collectives qui attribuent un sens à son espace, avec la complexité de ses éléments et le libre accès à ses espaces ouverts revendique un rôle crucial dans les processus de développement, de socialisation et d'éducation de l'enfant.

Le contact progressif de l'enfant avec l'espace urbain, envisagé à présent non sur le critère du nouvel espace-temps créé par les télécommunications, la grande vitesse des moyens de transport, mais sur celui du passage du privé au public, de l'intime à l'autre et sur celui de l'échelle affective et sociale des références spatiales et d'identité - caractéristiques dont sont privées les nouvelles formes de «villes» - renforce le rôle positif de l'expérience urbaine dans les fonctions perceptives, cognitives et sociales du sujet.

L'environnement du domicile, cadre matériel et social quotidien de la vie de l'homme, acquiert, même dans le cas de liens sociaux relâchés ou inexistants, des qualités de l'espace intermédiaire, espace qui sépare et unit en même temps d'une façon modérée et psychologiquement recevable l'espace privé du domicile et l'espace public distant de la ville. La conception domicentrique de l'espace est indicative du rôle que remplit cet espace intermédiaire non seulement dans la construction de l'identité de la ville mais aussi dans l'orientation de l'enfant dans l'environnement urbain. Pour l'enfant en particulier, cet espace qui renferme les deux lieux principaux de sa vie, son domicile et son école, se charge - avec les groupes microsociaux et les mécanismes macrosociaux - de la délicate mission de son intégration sociospatiale. Ceci persuade de la nécessité de créer un environnement amical ayant des espaces accessibles, un réseau de circulation sûr, des facteurs urbains divers, des espaces qui répondent aux besoins et aux attentes des enfants.

En fonction de la pratique pédagogique, de l'action éducative de l'enfant et des schémas communicatifs qui unissent les membres de la communauté scolaire, l'école, qui fait partie de l'environnement familier du domicile, conserve sa taille et ses détails dans les représentations mentales des enfants ou au contraire se réduit à la «salle de classe» qui, malgré sa petite surface, illustre la distance que prend l'élève par rapport à son espace et au processus éducatif. Les systèmes fermés centrés sur le maître créent des lignes de démarcation entre l'enfant et son environnement sociospatial. Au contraire, les systèmes éducatifs ouverts centrés sur l'enfant contribuent à la création d'un environnement qui concurrence le domicile (le terme est utilisé ici dans le sens d'environnement intime, amical, familier et approprié). Ils contribuent également à l'osmose de l'environnement scolaire et urbain plus vaste, assurant la continuité sociospatiale et la transition psychologique, notions nécessaires aux processus d'intégration sociospatiale de l'enfant.

Le centre de la ville, zone urbaine où tout converge et en même temps éloignée pour une grande partie de la population - géographiquement et empiriquement -, dont l'ambiance et le caractère particuliers sont dus à la forte densité des fonctions, des contacts sociaux, des événements et des symbolismes, concentre son image dans un trajet ou encore dans un édifice-symbole de la ville. Quelle est la relation entre l'enfant et ce noyau économique, culturel et historique de la ville que nous recherchons? Le centre, imprimé dans la mémoire de l'enfant, même d'une façon minimaliste, critère avec d'autres de la sélection des éléments spatiaux qui permettront à ce dernier de reconstruire mentalement la ville où il se déplace et agit, devient lui-même la ville dans la conscience de l'enfant. Cela est indicatif du rôle que joue la «centralité» - au sens le plus large du terme - dans l'attribution de signification à l'espace. Les nouveaux faits urbains qui concurrencent le centre de la ville, comme ceux construits par Koolhaas et Nouvel à Lille pour le projet Euralille[195], sont choisis par les jeunes à cause de leur caractère moderne, en tant que constructions esthétiques et technologiques innovantes, en tant que partie d'une zone plus

---

195 Koolhaas, R., Nouvel, J. & al. (1995), *Euralille. The Making of a New City Center*, Basel, Berlin, Boston: Birkhauser.Voir aussi: Tsoukala, K., Daniil, M. (2003), "Metapolis: The destiny of the city during the globalization age. The example of Euralille, built and behavioral space" in *Journal of Humanities*, no 1, pp. 873-84.

large, de portée européenne et de caractéristiques novatrices. Pourtant, à un niveau fonctionnel, ces espaces provoquent la contestation des jeunes, qui se manifeste de différentes façons (opposition, affrontement avec les forces de police, comportement de consommation évité, désapprobation du comportement des adultes). Kokoreff et Steinauer[196] soutiennent que les pratiques des jeunes qui fréquentent Euralille sont déterminées davantage par la renégociation de l'espace public - privé que par leur tendance à transformer un non-lieu en un lieu anthropologique, c'est-à-dire en un espace qui a une identité et des qualités communicatives et historiques. Des phénomènes semblables pourraient s'observer aujourd'hui dans les grands centres urbains de la Grèce également, dans les centres commerciaux polyvalents thématiques qui s'implantent dans leur tissu. Ces constructions réalisées à une époque postérieure à nos travaux ne sont pas comprises dans nos objectifs de recherche. Néanmoins, nous avons jugé intéressantes les conclusions de la recherche de Kokoreff et Steinauer, parce qu'elles nous permettent de distinguer des différences dans la «centralité» des deux types d'espace: celui du centre de la ville et celui des constructions innovatrices qui cherchent à le concurrencer. Différences qui confirment des valeurs diachroniques du noyau central des ensembles urbains et renforcent notre opinion sur la fonction de cette zone urbaine comme champ intense de socialisation et d'éducation de l'enfant.

Les parties périphériques de la ville (exceptée la zone d'habitation de l'enfant) sont les zones vides de l'espace subjectif, le non-lieu du tissu urbain. Le renforcement de ces parties par des noyaux culturels plurifonctionnels ne constitue

[196] Kokoreff, M., Steinauer, O. (2001), «Espace public et jeunes à Euralille» in G. Burgel, M. Herrou (éd.), *Villes en Parallèle - La ville aujourd'hui entre public et privé*, n° 32-34, pp. 207-17.

pas à lui seul une solution satisfaisante au problème de l'attribution de sens.

La proposition de Moore[197] concernant un réseau de trajets et d'espaces publics ouverts possédant des qualités psychosociologiques qui découlent des processus de planification collectifs et des résultats des recherches réalisées jusqu'à nos jours, n'est pas une proposition utopique pour les centres urbains européens, comme certains le soutiennent. Certainement, son application dans les villes américaines rencontre moins d'obstacles que dans les villes du continent européen à cause de la structure même du tissu urbain (nous nous limitons à des facteurs géographiques et morphologiques, faisant volontairement abstraction d'autres facteurs déterminants comme les paramètres économiques, la valeur foncière, la spéculation etc.). La proposition de Moore prend en compte la graduation de l'espace social, affectif et perceptible et constitue en même temps une solution écologique au problème général d'absence d'environnement naturel dans les centres urbains, problème particulièrement aigu dans la réalité grecque.

Notre propre recherche expérimentale aboutit sans aucune réserve à des propositions similaires mais nous permet en même temps à travers ses résultats de former un corps de notions qui fonctionne d'une façon complémentaire à la proposition de Moore et de ses collaborateurs. Les notions qui sont proposées sont les suivantes:

1. Espace activisé et adaptabilité de l'espace: L'influence du facteur de l'activité stratégique spatiale dans les processus de représentation de l'espace impose certaines directions de la problématique pour l'organisation des espaces du champ

---

197 Moore, G. & al. (1994), *Recommendations for child play areas*, Milwaukee: University of Wisconsin, Center for Architecture and Urban Planning Research.

éducatif. Comment ces espaces peuvent-ils intervenir dans l'activité de l'enfant et en constituer l'objectif et le thème à travers une relation dynamique enfant - espace, sans être la simple enveloppe de ces activités? Les liens entre l'espace et l'activité qui pourraient être traduits comme une interaction évolutive entre l'enfant et l'espace présupposent la complexité des stimuli de l'espace et la possibilité de changer ses éléments matériels et son organisation. L'espace doit fonctionner comme champ d'expression de l'enfant, permettre des changements dans son utilisation et procurer des stimuli en vue de permutations au niveau symbolique.

Ces principes reconnaissent le rôle de l'activité stratégique spatiale dans les processus d'éducation de l'enfant et de perception de l'environnement ainsi que l'importance des vécus et des différences entre les individus. Dans un tel champ d'éducation, l'enfant fonctionne comme producteur dans le processus de création de l'espace et non comme un objet de ce processus.

Les stimuli perçus peuvent offrir des critères et des objectifs pour développer l'activité de l'enfant selon les directions du processus d'éducation et permettre parallèlement des interventions sur les éléments matériels et l'organisation de l'espace par l'enfant lui-même. La correspondance entre l'espace et l'action de l'enfant confère un caractère dynamique et évolutif à la relation enfant - espace, en alimentant sans cesse son intérêt pour l'espace.

Ces qualités de l'espace, qui en architecture, ont été fréquemment mises en avant, ne sont pas susceptibles d'être remplacées par la souplesse et la multiplication des usages. Les questions qui se posent ici sont beaucoup plus complexes et ne s'épuisent pas dans la continuité de l'espace ou dans la relation indépendante entre «ossature porteuse» et «éléments de séparation» qu'a proposée le mouvement moderne. Elles ne se limitent pas non plus à la création d'épisodes spatiaux et de références que proposait le structuralisme en reconnaissant l'importance subjective de l'espace ou celle, déterminante, de la relation sujet - espace. Les qualités que nous proposons se différencient des «*performance dimensions*» de Lynch[198] et particulièrement de ce que celui-ci appelle «adaptation» et «maîtrise de l'espace». L'adaptation est la possibilité fournie par la forme urbaine et par son équipement pour exprimer des comportements que les individus adoptent ou voudraient adopter. Le contrôle de l'espace est le degré d'usage, d'accès, de création, de transformation et de gestion de l'espace par les individus. Le terme du «open design» utilisé par Rapoport[199] présente également un intérêt pour exprimer la souplesse qui doit caractériser certaines parties de l'espace urbain en ce qui concerne l'intervention des groupes sociaux et la création de leur identification culturelle. Chez Rapoport, le facteur culturel est le critère dominant pour la définition de la souplesse de l'espace alors que les facteurs sociaux constituent des questions de forme et de structure urbaine. Il existe aussi des différences entre notre proposition et celle d'Ulvund[200], qui s'est fondé sur les points de vue de Piaget concernant le rôle de la relation action de l'enfant - réaction de l'objet dans les processus de perception de l'environnement. Dans cette relation, l'action et la réaction sont isolées de l'environnement social et sont surtout issues des fonctions mécaniques, sensori-motrices. Dans nos propositions en revanche, l'action de l'enfant et la réponse de l'objet sont considérées comme dimensions intégrantes des

---

198 Lynch, K. 1982, *Voir et planifier. L'aménagement qualitatif de l'espace*, Paris: Dunod.

199 Rapoport, A., 1991, "Flexibility, open-endedness and design" in *People and Physical Environment Research* (Australia), n° 34-35, pp. 53-73.

200 Ulvund, S.E., 1981, "The psychological basis for the identification of physical environment parameters in the development of early cognitive competence" in *Scandinavian Journal of Education Research,* vol. 25, n° 3, pp. 125-40.

processus sociaux; elles sont à insérer dans le cadre des interactions sociales et dans l'orientation des processus de développement et d'éducation de l'enfant.

2. Accessibilité: cette notion est liée à des facteurs sociaux, moteurs, visuels et fonctionnels qui se différencient en fonction de l'échelle de l'agglomération. Les trajets qui conduisent à un espace précis d'activités de l'enfant doivent assurer son déplacement aisé avec des moyens de transports sûrs ainsi que son contact visuel avec l'espace à une certaine distance. Le mode d'accès ne doit pas aller à l'encontre des principes de fonctionnement d'un espace public, ouvert à toutes les catégories de la population.

3. Environnement sûr: la sécurité dans les centres urbains contemporains, caractérisés par une variété culturelle et sociale des diverses catégories de la population, par la paupérisation de certains groupes ainsi que par un environnement bâti qui dessert principalement le mouvement des véhicules et non le piéton, est surtout liée à des facteurs sociaux - urbains. A la méso et micro-échelle de l'architecture qui se réfère aux caractéristiques d'un espace précis d'activités de l'enfant, les matériaux de construction, l'équipement de l'espace, la délimitation de ses zones partielles, l'organisation de la circulation interne doivent procurer un sentiment de sécurité à tous ceux qui s'y déplacent et y exercent une action.

4. Complexité des stimuli: La complexité des stimuli semble caractériser toutes les villes de grande taille. Les fonctions nombreuses et variées de l'espace urbain, son caractère historique inscrit dans les vestiges du passé (les significations diachroniques de ses éléments) et les mémoires collectives qui donnent une dynamique à certains de ses quartiers ne peuvent que créer un espace particulièrement hétérogène possédant une grande richesse et une grande variété de stimuli. C'est d'ailleurs le sens même de la notion de complexité: elle est définie en fonction du nombre des éléments et de leur degré de différenciation. Richesse et différenciation des stimuli se rencontrent dans les villes contemporaines, mais il s'agit de stimuli qui s'adressent essentiellement aux adultes. Dans ce cas cependant, la relation de l'adulte avec l'environnement urbain est plutôt négative: nous observons une dévalorisation de la ville moderne par la répartition en zones des fonctions et la transformation des rues en couloirs de circulation pour les véhicules, c'est-à-dire une organisation qui soustrait l'habitant à l'espace public et le confine dans son espace privé ou, dans le meilleur des cas, dans des parties isolées de l'espace public qui fonctionnent alors de façon prohibitive en ce qui concerne les interventions de l'individu et dont l'accès devient difficile. L'espace public que l'individu pouvait autrefois s'approprier se transforme progressivement en un espace aliéné où l'homme fonctionne surtout comme spectateur et non comme acteur.

Cela est particulièrement clair dans le cas de l'enfant, dont les possibilités d'intervention dans l'espace ont été sensiblement réduites, même au niveau du quartier. En ce qui concerne la ville grecque, ce phénomène est dû à une construction non programmée et intensive, et à l'introduction de l'automobile dans le quartier, qui a transformé cet environnement amical en un espace hostile et dangereux. C'est à cause de ces changements et de ceux survenus dans le mode de vie et dans les pratiques quotidiennes des habitants, que le quartier a perdu sa vie culturelle liée à l'espace et, plus généralement, son caractère de «cadre» de vie et de comportement des enfants. L'activité de l'enfant est confinée dans des parties de l'espace urbain peu nombreuses et isolées. Les espaces ouverts sont organisés avec peu de stimuli et les activités qui y sont prévues sont standardisées, peu nombreuses et suivent un modèle unique qui n'envisage pas l'enfant comme un sujet actif ayant une interaction avec son environnement mais comme un sujet s'y adaptant passivement. Les fonctions de ces espaces desservent surtout l'activité motrice de l'enfant alors que les autres types d'activités - cognitives, sociales, motrices, sociocognitives etc. -, pourtant nécessaires au développement général de l'enfant, sont absentes de cette catégorie spéciale d'espaces destinés aux enfants. Peu nombreux et éparpillés dans le tissu urbain, ces espaces témoignent des conceptions dominantes qui concernent le statut culturel et institutionnel de l'enfant dans la société.

Les espaces de jeux doivent être multipliés et organisés de telle sorte que les besoins de l'enfant soient satisfaits pour que son développement social, mental, moteur et affectif soit complet. C'est grâce à l'activité que l'enfant développera dans ces cadres de vie que se formeront des références dynamiques chargées de sens et qui constituent un indice d'appropriation de l'espace. L'espace étranger et neutre deviendra un espace amical que l'enfant pourra s'approprier et qui permettra une relation enfant - jeu - espace par laquelle se construisent les représentations de l'environnement chez les individus de cet âge. Le jeu et l'apprentissage constituent les deux champs éducatifs fondamentaux de l'enfant dans lesquels celui-ci construit les images du monde qui l'entoure. Les autres stimuli fournis par l'espace urbain seront approchés à travers des processus éducatifs, à condition que soient créés des cadres institutionnels appropriés, sur le plan de l'éducation et des organismes qui doivent faciliter l'intégration sociospatiale de l'enfant à la ville. Ces espaces devront s'insérer d'une façon utile dans une logique d'éducation de l'enfant et devront collaborer avec les autres lieux fondamentaux de son activité, comme les environnements scolaires ou la rue.

5. Symbolisme: La fréquence d'apparition des bâtiments publics de caractère politique, culturel et historique dans le discours et les dessins des enfants montre le rôle du symbolisme dans la formation du système de référence pour la construction de l'espace mental. La relation de l'enfant avec ces bâtiments se limite à un contact purement visuel et à une connaissance à distance de leur contenu. Le fort symbolisme de ces bâtiments dû à leur sens social, leur taille, leur forme et à leur position dans le tissu urbain les désigne comme éléments de l'espace subjectif, comme composants du système d'orientation de l'enfant et comme composants de l'identité de l'espace urbain. Le symbolisme peut être aussi utilisé dans des constructions qui sont liées aux activités de l'enfant pour renforcer la lisibilité et l'imagibilité[201] de l'environnement, afin que le mouvement de l'enfant dans l'espace ou ses zones d'activités partielles s'organise d'une manière claire.

6. Centralité: Dans les centres des villes, condensateurs de significations, de fonctions, de contacts sociaux, d'événements et de mémoire collective, on doit créer les conditions appropriées pour le mouvement et l'action des enfants. Les fonctions commerciales et administratives, les espaces de bureaux et les installations touristiques qui occupent des étendues de plus en plus larges dans les noyaux centraux des villes ainsi que l'apparition de nouvelles constructions «autonomes» plurifonctionnelles (centres commerciaux polyvalents, parcs thématiques) menacent la fonction primaire du centre comme espace principalement social, comme espace de rencontres et de manifestations à caractère politique et culturel. Dès les débuts de la période moderne, le centre devient un lieu «de fréquentation exceptionnel ou occasionnel et non de vie, espace d'entreprises au personnel changeant, déraciné au possible, plus qu'espace d'habitat» selon ce que

---

[201] Selon Lynch, l'imagibilité est, pour un objet physique, «la qualité grâce à laquelle il a de grandes chances de provoquer une forte image chez n'importe quel observateur ». Voir Lynch, K. (1960), *The Image of the City*, op. cit., p. 11.

Marcel Roncayolo[202] soutient dans son livre *La Ville et ses territoires*. Ce n'est pas le résultat d'un choix urbanistique mais celui d'une «concurrence entre les grands centres d'information et de commandement dont on a mesuré la cristallisation». Le centre, à cause de ses qualités, de ses signalisations et de son rayonnement ne doit pas devenir étranger aux habitants de la ville dont font également partie les enfants. On doit trouver pour l'enfant aussi ce que Roncayolo recherche pour l'habitant en général: «un équilibre plus difficile et plus nécessaire entre l'habitant (hors des «sur privilégiés») et les hôtes de passage, entre la vie quotidienne et l'exceptionnel...»[203].

7. Environnement naturel: Les préférences des enfants pour les éléments de la nature sont signalées par plusieurs chercheurs. Cet environnement avec la variété unique de stimuli animés ou inanimés qu'il offre constitue un champ matériel nécessaire pour le développement global de l'enfant. Les éléments naturels peuvent constituer les limites des zones, fonctionner eux-mêmes comme objets de jeu, contribuer au renforcement de la lisibilité des trajets, peuvent former des environnements naturels de jeu (jardins, parcs), peuvent donner une signification à des points et à des secteurs partiels du tissu urbain.

8. Renforcement de la dynamique des trajets et création d'un réseau: L'activité sensori-motrice, particulièrement importante dans l'organisation conceptuelle de l'espace, demande le renforcement de la dynamique des trajets par des mesures qui peuvent rendre les axes de circulation plus lisibles et plus accessibles. Des interventions réalisées à l'aide d'éléments créant des impressions visuelles qui renforcent l'identité de l'axe et des formations permettant le mouvement

[202] Roncayolo, M. (1988), *La Ville et ses territoires*, Paris: Gallimard.
[203] op.cit., p.259.

sans risque pour l'enfant et pour les adultes sont les conditions nécessaires à la création d'un environnement qui facilite le flux des piétons et par conséquent leur contact avec l'espace. La création d'un réseau de trajets qui rend facile et sûr l'accès aux espaces planifiés pour les activités des enfants et à ceux qui sont d'un intérêt important pour les processus de développement et d'éducation de l'enfant a été déjà proposé par certains chercheurs. Les propositions de Moore concernant la création d'un environnement unique de jeu et de loisirs pour les enfants présentent un intérêt particulier parce qu'elles impliquent l'ensemble de la ville à la logique du réseau. Partant de l'échelle du quartier de résidence qui s'étend sur un petit rayon autour du domicile et se référant ensuite à l'échelle du voisinage, Moore propose la création d'espaces de jeu offrant en fonction de la taille du quartier qu'ils desserviront une graduation de l'ampleur des activités qui s'y dérouleront, de leurs fonctions, de leur nombre et de leur variété. La proposition de Moore[204] s'accompagne de principes de design concernant l'organisation des trajets et des espaces de jeu. L'utilité d'un tel réseau dans la relation enfant - éducation - espace apparaît également dans l'analyse présentée par notre recherche. La relation de dépendance qui caractérise les deux facteurs d'activité et d'image de la ville met en évidence la nécessité de la création d'un tel réseau; ce dernier contribuera essentiellement à la formation d'un environnement unique d'éducation orienté autant vers l'enfant sujet que vers son entourage. Etant une voie sûre et ouverte aux éléments culturels, spatiaux et naturels, il stimulera l'intérêt et la participation de l'enfant et assurera sa communication dynamique et évolutive avec des parties plus vastes du tissu urbain. Le champ éducatif qui serait créé par une

---

[204] Moore, G. et al., (1994), *Recommendations for child play areas*, Milwaukee: University of Wisconsin, Center for Architecture and Urban Planning Research.

telle approche serait caractérisé par la continuité de l'espace, c'est-à-dire par la possibilité de création de systèmes éducatifs dans l'ensemble de la ville ou dans certaines de ses zones de grande étendue. Le rôle du réseau pourrait être important dans l'organisation de l'environnement du quartier ainsi que dans celle du centre. Dans le premier cas, il s'agirait d'un environnement fondamental pour l'enfant et qui serait porteur de valeurs sociales et affectives.

De nos jours encore, le quartier offre à l'enfant un environnement sociospatial relativement amical qui favorise le développement des pratiques et des activités dans l'espace. La richesse des stimuli sociaux et matériels offerts par cet espace, leur valorisation dans les processus de développement et de connaissance, leur caractère pédocentrique et enfin leur organisation à un niveau éducatif satisfaisant renforcent le rôle du quartier dans la socialisation de l'enfant et dans sa relation avec les caractéristiques spatiales et les messages de l'environnement.

Dans le cas du centre-ville, il s'agit d'un environnement riche en stimuli et en activités, en messages et en symboles. Le passé et le présent trouvent leur continuité historique inscrite dans l'espace. Riche en mémoires collectives et en vie sociale, l'environnement est vécu par l'enfant comme ayant un caractère symbolique intense. L'adaptation de cet espace aux besoins de l'enfant, la possibilité d'accéder en sécurité à ces points importants contribuent au fonctionnement de l'espace comme lieu pourvu de qualités psychologiques et éducatives et non comme espace dont le caractère symbolique est étranger à l'enfant.

Il faut souligner que les directions générales qui ont été présentées ne sont pas des «recettes» d'organisation de l'espace et d'intégration de l'enfant à la ville. Elles sont une approche des questions qui concernent la pratique d'un projet urbain désirant s'adapter aux particularités des enfants et à celles des environnements socioculturels. La considération de l'espace et de sa perception subjective comme le résultat de processus socioculturels montre l'écart qui existe entre la présente recherche et les positions qui défendent l'universalité des principes et des modèles urbains, comme nous l'avons souligné dans les chapitres précédents. C'est sur ce point que porte la conclusion principale de l'analyse des approches qui concernent les nouveaux cadres de vie créés à chaque fois par le système enfant - éducation - espace dans un espace géographique et un temps historique donnés.

Nous considérons également utile de préciser que les critères de planification que nous proposons ont un caractère double, à la fois réaliste et «chimérique», selon le niveau et le cadre auxquels ils se réfèrent.

Les interventions réalisées jusqu'à présent dans les secteurs centraux et périphériques des ensembles urbains en Grèce et dans d'autres pays (sur des motivations et avec des objectifs différents - revitalisation des zones défavorisées, renforcement de la vie sociale, mise en valeur de sites archéologiques et de monuments historiques) persuadent du caractère réaliste des critères d'une accessibilité et d'un déplacement aisés et en toute sécurité, ainsi que de ceux de l'implication des éléments naturels dans l'organisation de l'espace, de la création d'un réseau de voies piétonnes et du renforcement des usages à caractère culturel et social. Dans ce cas, l'échelle de ces applications (à des unités quantitatives en ce qui concerne l'étendue de l'espace dans les différents cas d'intervention) est celle qui constitue la limite sensible entre l'utopique et le réel. Limite qui est liée principalement à des facteurs géographiques urbains (distance, étendue, complexité de la structure du tissu urbain), sans pour autant que dans ses choix politiques et sociaux, à un niveau local et national, la machine administrative soit dispensée de ses responsabilités.

Outre la réalité urbaine, géographique et sociopolitique susmentionnée du cadre d'application de nos propositions, un autre élément doit être pris en considération, celui de l'optique contemporaine sur le devenir et la perspective d'évolution de l'espace urbain. Selon cette dernière, comme nous l'avons mentionné dans des chapitres précédents, nous tendons vers une culture urbaine sans «villes», ayant comme phénomène spatial prépondérant une dispersion urbaine, contrairement à la concentration urbaine qui caractérisait l'espace de la modernité. Les résultats de cette évolution sont les nouveaux noyaux urbains qui se créent à la périphérie des grands ensembles urbains ou encore à une grande distance de leurs limites. Il s'agit de noyaux commerciaux polyvalents qui constituent une nouvelle forme de l'espace public déjà exposé à une large critique concernant la culture de consommation soutenue par ces espaces, leur caractère public ou non, l'investissement sémiologique ou non de ceux qui vivent l'expérience d'y résider. Comme le note de façon caractéristique Augé[205], ces espaces, introvertis et autarciques, possédant une autonomie spatiale et temporelle singulière, ne se définissent pas dans leur rapport à d'autres lieux, à l'histoire et à l'identité des fonctions et des hommes qu'ils abritent. Ces espaces appartiennent à cette espèce que lui-même appelle non-lieu, ajoutant ainsi à leurs caractéristiques l'anonymat de la foule et la prépondérance d'une image qui apaise et oriente. Des espaces consacrés aux activités de l'enfant sont compris dans ces noyaux qui constituent les centres de nouvelles zones de résidence, sans qu'ils réussissent pour autant à nous entraîner vers la formulation d'opinions sur leur caractère et leur qualité, dans le cadre de l'approche traitée par la présente étude; cadre présentant des références aux interactions sociales, au libre

---

205 Augé, M. (1992), *Non-Lieux. Introduction à une anthropologie de la surmodernité*, Paris : Seuil.

accès, à la charge sémiologique de l'espace, à l'implication - matérielle et symbolique - de l'espace dans les activités de l'enfant. Cadre différent de celui de la culture de consommation, de la culture du spectacle, de l'individualisme, de l'insécurité, de l'exclusion sociale.

Le premier critère concernant l'*espace activisé* n'est pas protégé et est exposé à la critique, en tant qu'«approche utopique» de la question du rapport enfant - ensemble urbain à tous les niveaux, à un niveau politique et à un niveau architectural urbain. Il n'est pas protégé à cause de l'absence d'applications qui pourraient constituer des exemples de cette qualité pédagogique et sociopsychologique du tissu urbain que nous proposons. À ce point, les conditions de matérialisation du critère en question sont inversées. Le facteur géographique recule, laissant la charge de la possibilité de son application à l'identité et à la volonté politiques des décideurs.

La nécessité de la création d'espaces de caractère actif jouant un rôle dans les processus de développement de l'enfant et de sa communication avec son environnement étant reconnue, il serait intéressant de se pencher sur la perspective d'une recherche des formes que pourrait revêtir l'*espace activisé* en fonction des caractéristiques du cadre politique, culturel et sociogéographique ainsi que sur la possibilité de leur application à des centres urbains d'identité multiple et de tailles diverses.

BIBLIOGRAPHIE

ACREDOLO, L.P. (1981), "Small and large-scale concepts in infancy and childhood" in I.S. Liben, A.H. Patterson, N. Newcombe (eds), *Spatial Representation and Behavior along the Life Span*, New York: Academic, pp. 63-83.

ALEXANDER, Chr. (1975), *Une expérience d'urbanisme démocratique*, Paris: Seuil.

ALTMAN, I. (1975), *Environment and Social behavior*, California: Brooks Cole.

ALTMAN, I., VINSEL, A.M. (1977), "Analysis of Hall's proxemics framework" in *Human Behavior and Environment,* vol.2, New York: Plenum Press.

AMPHOUX, P. (1993), «L'arbre, la pente et la ville» in *Architecture et Comportement*, vol. 9, n° 4, pp. 431-42.

AMPHOUX, P., MONDALA, L. (1989), «Le chez-soi dans tous les sens» in *Architecture et Comportement*, Vol. 5, n° 2, pp. 135-52.

ANASTASSIADIS, A. (1982), *La ville haute de Thessalonique*, Thessalonique: Paratiritis.

ANASTASSIADIS, A. (1994), «Programme pilote: Thessalonique, métropole des Balcans». Programme des subventions des organismes compétents et de la Communauté Européenne concernant la rénovation et le développement du centre historique de Thessalonique (sous la direction de A.F. Lagopoulos).

ANDREWS, H. (1973), "Home range and urban knowledge of school age children" in *Environment and Behavior*, vol. 5, n° 1, pp. 73-105.

ANDRIKOPOULOU, E., KAFKALAS, G., LAGOPOULOS A.F. (1979), *Thessalonique: Recherche urbaine - critique de nouveaux plans et perspectives du développement de la ville*, Thessalonique: Paratiritis.

APPLEYARD, D. (1970), "Styles and Methods of structuring a city" in *Environment and Behavior*, vol.2, n° 1, pp. 100-116.

APPLEYARD, D. (1973), "Notes on urban perception and knowledge" in R. Downs, D. Stea (eds), *Image and Environment*, Chicago: Aldine Publishing Company, pp. 109-114.

APPLEYARD, D. (1976), *Planning a Pluralist City: Conflicting Realities in Ciudad Guayana*, Cambridge, Massachusetts, London: The M.I.T. Press.

ARAVANTINOS A.I. (1984), *Planification urbaine. Questions de théorie et de pratique*, Athènes: Ecole Polytechnique Nationale Metsovio.

ARIES, Ph. (1973), *L'Enfant et la vie familiale sous l'Ancien Régime*, Paris: Seuil.

ARISTOTE, *On the Heavens*, vol. I, Cambridge and London: Loeb Classical Library.

ASCHER, Fr. (1995), *Métapolis ou l'avenir des villes*, Paris: Odile Jacob.

ASCHER, FR., GODARD, FR. (coord.) (2003*), Modernité: la nouvelle carte du temps*, Colloque de Cerisy, Éd. De l'aube.

ASCHER, FR. (2000), *Ces Événements nous dépassent, feignons d'en être les organisateurs*. Essai sur la société contemporaine, Paris: De l'aube.

ASCHER, FR. (2001), *Les nouveaux principes de l'urbanisme*, Paris: De l'aube.

AUGÉ, M. (1992), *Non-Lieux. Introduction à une anthropologie de la surmodernité*, Paris: Seuil.

AXIA, G. (1988), "Language and orientation: memory for route elements in verbal descriptions by children and adults" in Proceedings of IAPS 10, vol. II, Delft University of Technology - Department of Architecture, pp. 513-21.

BACHELARD, G. (1984), *La Poétique de l'espace*, Paris: P.U.F.

BAILLY, A. (Avril 1985), «Rapport introductif: les principaux courants de recherche dans le monde» in *Hego.*, *Pratique et Perception de l'espace*, Cahiers du Centre de Recherche sur l'impact sociospatial de l'aménagement, n° 1, pp. 11-28.

BAILLY, A. (1984), *Les Concepts de la géographie humaine*, Paris: Masson.

BARBEY, G. (1974), "Anthropological analysis of the home concept: some considerations based on the interpretations of children's drawings" in B. Honikman, R. Moore (eds.), *Cognition and Perception. Childhood City*, Environmental Design Research Association.

BARKER, G.R. (1968), *Ecological Psychology: Concepts and Methods for Studying the Environment of Human Behavior*, Stanford: Stanford University Press.

BARKER, R., GUMP, P. (1964), *Big Schools, Small Schools*, Palo Alto CA: Stanford University Press.

BARKER, R., GUMP, P. (1974), "Operating environments in schools of open and traditional design" in *School Review*, vol. 82, n° 4, pp. 575-93.

BARTLETT, F. C. (1932), *Remembering. A study in Experimental and Social Psychology*, Cambridge: University Press.

BAUDELOT, C., ESTABLET, R. (1971), *L'École capitaliste en France*, Paris: Maspero.

BAUDRILLARD, J. (1970), *La Société de consommation*, Paris: Denoël.

BAUDRILLARD, J. (1968), *Le Système des objets*, Paris: Gallimard.

BAUDRILLARD, J. (2000), *Mots de passe*, Paris: Pauvert.

BECK, R., WOOD, D. (1976), "Comparative developmental analysis of individual and aggregated cognitive maps of London" in G. Moore, R. Colledge (eds), *Environmental Knowing*, Pennsylvania: Dowden, Hutchinson & Ross Publishing Company, pp. 173-84.

BENEVOLO, N. (1980) *Histoire de l'architecture moderne*, vol. 2-3, Paris: Dunod.

BENEVOLO, L. (1997), *La Cité en Europe* (trad. en grecques par A. Papastavrou), Athènes: Lettres Grecques.

BENEVOLO, L. (1997), *La Ville en Europe,* Athènes: Lettres Grecques.

BENVENISTE, E. (1966), *Problèmes de linguistique générale*, tome1, Paris: Gallimard.

BERGER, P., LUCKMANN, Th. (1966), *The Social Construction of Reality*, United States: Anchor Books.

BERNARD, Y., GOTTESDIENER, H., HERROU, M. (1979), «Les espaces architecturaux» in Francès, R. (ed.), *Psychologie de l'art et de l'esthétique*, Paris: Presses Universitaires de France, pp. 195-234.

BERNSTEIN, B. (1977), "Class and Pedagogies: visible and invisible" in Karabel, J. et Halsey A. (eds.), *Power and Ideology in Education*, Oxford University Press.

BERNSTEIN, B. (1975), *Langage et classes sociales. Codes sociolinguistiques et contrôle social*, Paris: Minuit.

BERQUE, A., SAUZET, M. (2004), *Le Sens de l'espace au Japon. Vivre, penser, bâtir*, Paris : Arguments.

BIEL, A., TORELL, G. (1976), "The mapped environment: cognitive aspects of children's drawings" in *Man-Environment Systems*, vol. 9, n° 4 et 5.

BJOKLID, P. (1995), "Children-Traffic-Environment" in Noschis (ed.), *Children and the City*, K. Monte Verita: Architecture and Behavior, pp. 65-72.

BLAUT, J.M. (1987), "Place perception in perspective" in *Journal of Environmental Psychology*, n° 7, pp. 297-305.

BLOCH, M.A. (1973), *Philosophie de l'éducation nouvelle*, Paris: P.U.F.

BOAS, G. (1966), The Cult of Childhood, Studies of the Warbug Institute, London, vol.29.

BONANOMI, L. (1994), «L'enfant et la traversée de la chaussée», pp. 391-98.

BONNES, M. et al. (1990), "The city as a multiple-place system: an analysis of people-urban environment transactions" in *Journal of Environmental Psychology*, vol. 10, n° 1, pp. 37-65.

BONNES, M., SECCHIAROLLI, G. (1981), "A transactional approach to spatial cognition" in *Towards a Social Psychology of the Environment*, Actes du Colloque, Paris.

BORIS, J. (Décembre 1970/Janvier 1971), «Le point de vue de l'architecte: l'architecte et l'enfant» in *Cahiers pedagogiques*, 95/96.

BORIS, J. (1971), «L'enfant architecte» in *Architecture d'Aujourd'hui*, n° 154.

BOUDON, R. (1969), *Les Méthodes en sociologie*, Paris: P.U.F.

BOULDING, K.E. (1959), *The Image*, University of Michigan.

BOURDIEU, P. (1982), *Ce que parler veut dire*, Paris: Librairie Arthème Fayard.

BOURDIEU, P., PASSERON, J.C. (1964), *Les Héritiers. Les étudiants et la culture*, Paris: Editions de Minuit.

BRILL, M. (1989), "Transformation, nostalgia and illusion" in I. Altman, E.H. Zube (eds), *Public Places and Spaces*, Human Behavior and Environment. Advances in Theory and Research, vol. 10, New York: Plenum Press, pp. 7-30.

BRONCART, J.P. (1996), *Activité langagière, textes et discours. Pour un interactionnisme socio discursif*, Lausanne, Paris: Delachaux et Niestlé.

BROOKFIELD, H.C. (1969), "On the environment as perceived" in *Progress in Geography*, vol.1, pp.51-80.

BRUNELLE, L. (1976), *L'École élémentaire. Objectifs - Activités - Avenir*, Paris: F. Nathan.

BUNTING, T.E., GUELKE, L. (1979), "Behavioral and Perception Geography: a critical appraisal" in *Annals*, Association of American Geographers, vol. 69, n° 3, pp. 448-63.

BURGEL, G. (2003), *Histoire de l'Europe urbaine. La ville contemporaine de la Seconde Guerre mondiale à nos jours,* Livre 6 (sous la direction de Jean-Luc Pinol). Paris: Seuil.

BURGEl, G. 1993, *La Ville aujourd'hui,* Paris: Hachette.

BURGESS, E. (1925), "Urban Areas" in T. Smith, L. White (eds), *Chicago: An Experiment in Social Science Research*, Chicago: University of Chicago Press.

CANTER, C. (1988), "Action and place" in Canter, D., Krampen, M., Stea, D. (eds), *Ethnoscapes: Environmental Perspectives*, Aldershot, Hampshire: Gower.

CANTER, C. (1988), *Psychologie de l'environnement* (traduit en grec par P. Kosmopoulos), Thessalonique: Presses Universitaires de Thessalonique.

CANTER, D. (1977), *The Psychology of Place*, London: Architectural Press.

CANTER, D. (1983), "The purposive evaluation of places: a facet approach" in *Environment and behavior*, n° 15, pp. 659-98.

CARLETTI, P. (1976), *L'espace figuratif enfantin*, thèse en Psychologie, Paris V.

CARMONA, M., HEATH, T., OC, T., TIESDELL, S. (2003), *Public Places-Urban Spaces. The Dimensions of Urban Design*, London: Architectural Press.

CARR, S. (1967), "The city in the mind" in W.R. Ewald (ed.), *Environment for Man: The Next Fifty Years*, Bloomington: Indiana University Press, pp. 197-231.

CASSIRER, E. (1972), *La Philosophie des formes symboliques - La phénoménologie de la connaissance,* Paris: Minuit.

CASTELLS, M. (1972), *La Question urbaine*, Paris: Maspero.

CASTELLS, M. (1975), *Sociologie de l'espace industriel*, Paris: Anthropos.

CASTELLS, M. (1989), *The Informational City,* Oxford: Blackwell.

CHAMBOREDON, J.CL., LEMAIRE, M. (1970), «Proximité spatiale et distance sociale. Les grands ensembles et leur peuplement» in *Revue Française de Sociologie*, vol. XI, pp. 3-33.

CHAPIN, F.S., HIGHTOWER, H. (1965), "Household activity patterns and land use" in *Journal of the American Institute of Planners*. vol. XXXI, n° 3, pp. 222-31.

CHATEAU, J. (1956), *Les Grands pédagogues,* Paris: P.U.F.

CHAUMBART DE LAWE, M. J. (1976), *Enfant en jeu*, Paris: CNRS.

MUNTAÑOLA, J. (1987), *Descobrir el medi urba. Barcelona mostrada als infants*, Barcelona: Institut d'Ecologia Urbana de Barcelona.

CHAWLA, L. (1995), "Childhood environmental memories" in K. Noschis (ed.), *Children and the City,* Monte Verita: Architecture and Behavior, pp. 101-108.

CHEVALLIER, E. (éd.), (1993), *L'Enfant et la ville,* Paris: Syros.

CHOAY, FR. (1965), *L'Urbanisme. Utopies et réalités*, Paris: Seuil.

CHOAY, FR. (1986), *La Règle et le modèle*, Paris: Seuil.

CHOMBART DE LAUWE, M. J. et al. (1976), *Enfant en jeu*, Paris: C.N.R.S.

CHOMBART DE LAUWE, M. J. (1975-76), «L'interaction de l'enfant et de l'environnement objet de recherche et révélateur social» in *Bulletin de Psychologie*, vol. XXIX, n° 325.

CHOMBART DE LAUWE, P. (et le groupe d'Ethnologie Sociale), (1960), *Famille et habitation - Un essai d'observation expérimentale,* vol. I, II, Paris: C.N.R.S.

CHOMBART DE LAUWE, P.H. (1982), *La Fin des villes,* Paris: Calmann-Lévy.

CHOMBART DE LAUWE, P.H. (1974), «Eth(n)ologie de l'espace humain» in Association de psychologie scientifique de langue française, *De l'espace corporel à l'espace écologique,* (symposium), Paris: P.U.F.

CHOMSKY, N. (1965), *Aspects of the Theory of Syntax*, Cambridge, MA: MIT Press.

CLANCHE P. (1988), *L'Enfant écrivain. Génétique et symbolique du texte libre,* Paris: Centurion.

CLANCHE, P. (1976), *Le Texte libre, écriture des enfants*, Paris: Maspero.

CLOT, Y. (ed.) (1999), *Avec Vygotsky,* Paris: La Dispute.

COHEN, R., et al., "The role of functional activity for children's spatial representations of large-scale environments with barriers" in *Merrill-Palmer Quarterly*, vol. 34, n° 2, pp. 115-29.

COLBOC, P. (1971), «Advocacy planning - échec ou réalité de la démocratie» in *Architecture d'Aujourd'hui*, n° 153.

COLLINS B. L. (1975), "Windows and people a literature survey. Psychological reaction to environments with and without windows" in *National bureau of standard building science series*, n° 70, États-Unis.

COMPAYRE, G. (1911), *Histoire de la pédagogie,* Paris: Librairie classique Paul Delaplane.

CORMAN, L., *Le Test du dessin de famille dans la pratique medico-pédagogigue,* Paris: P.U.F.

COULOMB, A. (1995), «L' enfant, la ville, quel quotidien?» in K. Noschis (ed.), *Children and the City*, Monte Verita: Architecture and Behavior, pp. 159-67.

DANANCHER, A. (1991), «Contraintes de l'espace ludique aménagé» in *Architecture and Behaviour*, *Jeu et contexte urbain* (special issue), vol.7, n° 2, pp.153-64.

DARQUES, R. (2002), *Salonique au XXe siècle. De la cité ottomane à la métropole grecque*, Paris: CNRS.

DAVAL, R. (1963), *Traité de psychologie sociale*, tome1, Paris: P.U.F.

DAVYDOF, V. V. (1993), "The perspectives of activity theory" in *Activity Theory*, vol. 13/14, pp.50-53.

DE BRIGODE, G. (1966), *L'Architecture scolaire*, Paris: P.U.F.

DE WOLF, I. (1963), *The Italian Townscape*, London: The Architectural Press.

DEBESSE, M., MIALARET, G. (1971), *Traité des Sciences pédagogiques, Histoire de la pédagogie,* Paris: P.U.F.

DEFARGES, M. (2002), *La Mondialisation* (trad. grecque: K. Peristerakis), Athènes: Dedalos

DEROUET-BESSON, M. (1984), *L'École et son espace,* Paris: Collection Rapports de Recherche, n° 3, Département Evaluation et Fonctionnement des Systèmes éducatifs.

DEVLIN, A. (1976), "The small town cognitive map: adjusting to a new environment" in G. Moore, R. Colledge (eds), *Environmental Knowing*, Pennsylvania: Dowden, Hutchinson & Ross Company, pp. 58-66.

DIETRICH, T. (1973), *La Pédagogie Socialiste. Fondements et conceptions*, Paris: Maspero.

DIMITRIADIS, E. (1987), *Histoire de la ville et de l'urbanisme. Des débuts de la ville à l'apparition de l'urbanisme contemporain*. Thessalonique: Paratiritis.

DIMITRIADIS, E.P. (1983), «Thessalonique: références à son développement urbain» in *Archéologie*, n° 7, pp. 102-108.

DOISE, W., Mugny, G. (1981), *Le Développement social de l'intelligence*, Paris: Inter Éditions.

DOLLE, J.P. (2002), *Métropolitique*, Paris: La Villette.

DOURIEZ-PINOL, M. (1975), *Constructions de l'espace*, Neuchâtel, Paris: Delachaux et Niestlé.

DOWNS, R., SIEGEL, A. (1981), "On mapping researchers, mapping children, mapping space" in L.S. Liben, A. H. Patterson, N. Newcombe (eds), *Spatial Representation and Behavior across the Life Span*, New York: Academic, pp. 237-50.

DOWNS, R., STEA, D. (1973), "Cognitive maps and spatial behavior process and products" in R. Downs, D. Stea (eds), *Image and Environment Cognitive Mapping and Spatial Behavior*, Chicago: Aldine, pp. 8-26.

DOWNS, R., STEA, D. (1973), "Geographical and Spatial Orientation" in R. Downs, D. Stea (eds), *Image and Environment*, Chicago: Aldine.

DOWNS, R., STEA, D., 1977, *Maps in Minds: Reflections on Cognitive Mapping*, New York: Harper and Row.

DUBROVSKY, D. (1988), *The Problem of the Ideal*, Moscow: Progress Publishers.

DUMAZEDIER, J. (1962), *Vers une civilisation des loisirs*, Paris: Seuil.

DUPUY, G. (1995), *Les Territoires de l'automobile*, Paris: Anthropos.

DURKHEIM, E. (1926), *De la Division du travail social*, Paris: Alcan.

ECO, U., SANTAMBROGIO, M., VIOLI, P. (eds) (1988), *Meaning and Mental Representations*, Bloomington and Indianapolis: Indiana University Press.

ECOLE DE BARBIANA (élèves-Vicchio, Italie), (1968), *Lettre à une maîtresse d'école*, traduit en Français par M. Thurlotte, Paris: Mercure de France.

EKMAN, G., BRATFISCH (1965), "Subjective distance and emotional involvement: A psychological mechanism" in *Acta Psychologica*, n° 4, pp. 446-53.

ENGELS, F. (1984), *Dialectique de la nature*, Athènes: Epoque Contemporaine.

ENGELS, FR. (1974), *La Situation de la classe ouvrière en Angleterre*, Athènes: Byron.

EVANS, G. et al. (1991), "The role of physical environment in the health and well-being of children" in H.E. Schroeder (ed.), *New Directions in the Health Psychology Assessment*, New York: Hemisphere Publishing Corp, pp. 127-57.

FATOUROS, D. (1972), *Cours de théorie systématique de l'Architecture*, tome 1, Thessalonique: Université Aristote.

FAY, H. (1934), «Le test du dessin» in *L'intelligence et le caractère*, Foyer Central d'Hygiéne.

FELDMAN, A., ACREDOLO, L. (1979), "The effect of Active versus Passive Exploitation on Memory for spatial Location in Children" in *Child Development*, n° 5, pp. 698-704.

FERNANDEZ-ZOILA, A. (1987), *Espace et Psychopathologie*, Paris: P.U.F.

FERRAN, P. (1977), *L'École de la rue: une éducation ouverte sur le milieu*, Paris: ESE.

FERRAN, P., PORCHER, L. (1973), *L'Aménagement de l'espace scolaire*, Paris: Delagrave.

FERRARIS, A. (1980), *Les Dessins d'enfant et leur signification*, Paris: Marabout.

FIREY, W. (1945), "Sentiment and symbolism and ecological variables" in *American Sociological Review*, n° 10, pp.140-48.

FISCHER, G. N. (1981), *La Psychosociologie de l'espace*, Paris: P.U.F.

FISCHER, G.N. (1997), *Psychologie de l'environnement social*, Paris: Dunod.

FOLLINI, M. B. (1966), *The Construction of Behavioral Space: a Microgenetic Investigation of Orientation in an Unfamiliar Locality*, Clark University.

FOUCAULT, M. (1971), *L'Ordre du discours*, Paris: Gallimard.

FOUCAULT, M. (1975), *Surveiller et punir*, Paris: Gallimard.

FRAMPTON, D. (1981), *Modern Architecture. A critical history*, London: Thames and Hudson Ltd.

FRANCESCATO, D., MEBANE, W. (1973), "How citizens view two great cities: Milan and Rome" in R. Downs, D. Stea (eds), *Image and Environment*, Chicago: Aldine Publishing Company.

FREEMAN, F. N. (1916), *Geography: Extension of Experience through Imagination*, Boston: Houghton-Mifflin.

FREINET, C. (1978), *La Santé mentale de l'enfant*, Paris: Maspero.

FREINET, C. (1968), *Essai de Psychologie sensible I. Acquisition des techniques de vie constructives*, Delachaux et Niestlé, Neuchâtel.

FREINET, C. (1969), *L'École du peuple*, Paris: Maspero.

FREINET, C. (1967), *L'Éducation du travail*, Neuchâtel: Delachaux et Niestlé.

FREINET, C. (1967), *Les Dits de Mathieu*, Neuchâtel: Delachaux et Niestlé

FREINET, C. (1964), *Les Maladies scolaires*, Bibliothèque de l'Ecole Moderne, Editions de l'Ecole Moderne Française, Cannes.

FREINET, C., SALENGROS, R. (1960), *Moderniser l'école*, Bibliothèque de l'Ecole Moderne, Editions de l'Ecole Moderne Française, Cannes.

FREINET, E. (1968), *Naissance d'une pédagogie populaire*, Paris: Maspero.

FREINET, C. (1977), *Les Techniques Freinet de l'école moderne*, Paris : Armand Colin.

FREMONT, A. (1976), *La Région espace vécu*, Paris: Presses Universitaires de France.

FREMONT, A. et al. (1982), *Espace vécus et civilisations*, Paris: C.N.R.S.

FRIEDMAN, Y. (1971), *Pour une architecture scientifique*, Paris: Pierre Belfond.

GARNIER, C. et al. (199), *Après Vygotsky et Piaget. Perspectives sociale et constructiviste.* Ecoles russe et occidentale, Bruxelles: De Boeck-Wesmael.

GASTER, R. (1991), "Urban children access to their neighborhood. Changes over three generations" in *Environment and Behavior*, vol. 23, n° 1, pp. 70-85.

GASTER, S. (1995), "Re-thinking the children;s home-range concept" in K. Noschis (ed.), *Children and the City,* Monte Verita: Architecture and Behavior, pp. 125-32.

GEOGAS, D. (1998-99), «Dimensions psychologiques de la famille moderne», in *Recherches Sociales*, Famille moderne: *Approches interdisciplinaires*, volume A'-B'.

GEORGES, F. (1974), *Étude des rapports entre l'espace aménagé et le vécu d'une institution L'école,* Unité de recherche appliquée de l'E.S.A., Paris.

GERMANOS, D. (1993), *Espace et processus éducatif,* Athènes: Gutenberg.

GERMANOS, D. (1995), «La relation de l'enfant à l'espace urbain: perspectives éducatives et culturelles» in K. Noschis (ed.), *Children and the City*, Lausanne: Comportements, p.147-152.

GERMANOS, D. (2002*), Les Murs de la connaissance - Espace scolaire et enseignement*, Athènes: Gutenberg.

GERMANOS, D. ET AL. (1990), *Pédagogie et espace scolaire*, Thessalonique: Université Aristote.

GERMANOS, D., TSOUKALA, K. (2000), «De la perception et évaluation de l'espace au projet. Interventions aux espaces publics ouverts de Thermi pour créer un environnement selon les besoins des adolescents» in K. Tsoukala (ed), *Architecture, Enfant et Education*, Thessalonique: Paratiritis, pp. 71-114.

GERMANOS D., TSOUKALA, K. (2000), "From space perception and evaluation to the design of environments for children. The example of Thermi" in *Revue Scientifique* de l'Ecole Polytechnique de Thessalonique, vol. 16, pp. 141-66.

GHIGLIONE, R., MATALON, B. (1978), *Les Enquêtes sociologiques,* Paris: Armand Colin.

GIEDION, S. (1978), *Espace, temps, architecture,* vol. 3, Paris: Denoël.

GIFFORD, R. (1976), "Environmental numbness in the classroom" in the *Journal of experimental education*, v. 44, n° 3, États-Unis.

GLOTON, R. (1981), *Le Travail, valeur humain,* Paris: Casterman.

GLYTSOS, N. ET AL. (1995), *La Société grecque à la fin du 20ème siècle*, Athènes: Papazisis (direction de la recherche G. Tapinos, G. Kondogiorgis).

GOODENOUGH, F. (1957), *L'Intelligence d' après le dessin,* Paris: PUF.

GOULD, P. WHITE, R. (1986), *Mental Maps*, Boston: Allen and Unwin;

ITTELSON, W.H. (1973), *Environment and Cognition*, New York, London: Seminar Press.

GRANDSARD, A. (1970), *La Crise des centres. Notes sur l'évolution du centre des villes américaines*, Paris: Centre de Sociologie Urbaine.

GRAWITZ, M. (1984), *Méthodes des sciences sociales*, Paris: Dalloz.

GREIMAS, A..J. (1966), *Sémantique structurale*, Paris: Larousse.

GRIFFIN, D. (1973), "Topographical orientation" in. R. Downs, D. Stea 9eds), *Image and Environment,* Chicago: Aldine.

GUILLAIN, A. (1979), «L'espace mental et les pouvoirs selon H. Wallon» in *Journal de Psychologie normale et pathologique*, n° 3.

GUILLAMIN, C. (1972), *Idéologie raciste. Genèse et langage actuel*, Paris: Mouton.

GUMP, P. (1978), "School environments" in I. Altman, J. P. Wohlwill (eds), *Children and the Environment,* New York: Plenum Press.

HABERMAS, G. (1988), *Discours philosophique de la modernité*, Paris: Gallimard.

HABERMAS, J. (1987), *Théorie de l'agir communicationnel. Rationalité de l'agir et rationalisation de la société,* Paris: Fayard.

HALL, E. T. (1971), *La dimension cachée*, Paris: Seuil, traduit en français par A. Petita.

HAMLYN, D.W. (1979), *The Psychology of Perception. A Philosophical Examination of Gestalt Theory and Derivative Theories of Perception.* London: Routledge and Kegan Paul.

HARMAN, E., BETAK, J. (1974), "Some preliminary findings on the cognitive meaning of external privacy in housing" in B. Honikman, R. Moore (eds.), *Cognition and perception. Childhood city*, Environmental Design Research Association.

HAROUEL, J.L. (1981), *Histoire de l'urbanisme*, Paris: P.U.F.

HARRISON, J., HOWARD, W. (1972), "The role of meaning in the urban image" in *Environment and Behavior*, vol. 4, n° 4, pp. 391-411.

HART, R. (1973), Aerial geography: an experimental study in elementary education. Unpublished M.A. thesis, Clark University.

HART, R. (1979), *Children's Experience of Place,* N. York: Irvington Publishers.

HART, R. (1981), "Children's spatial representation of the landscape: Lessons and questions from a field study" in L. S. Liben, A. H. Patterson, N. Newcombe (eds), *Spatial Representation and Behavior across the Life Span,* New York: Academic, pp. 195-233.

HART, R. (1984), "The Geography of Children and children's geographies" in , Th. F. Saarinen et al. (eds), *Environmental Perception and Behavior: An Inventory and Prospect,* Chicago: The University of Chicago, Department of Geography (Research paper n° 203).

HART, R., MOORE, G. (1973), "The Development of Spatial Cognition" A Review in R. Downs, D. Stea, *Image and Environment,* Chicago: Aldine.

HASSIOTIS, T.K., (éd.) (1997), *Thessalonique - Histoire et Civilisation,* Thessalonique: Paratiritis.

HASTAOGLOU, V. (1982), *Théories sociales sur l'espace urbain - Analyse critique,* Thessalonique: Paratiritis.

HAZEN, N.L. (1982), "Spatial exploration and spatial knowledge: Individual and developmental differences in very young children" in *Child Development*, n° 53, pp. 825-33.

HEFT, H., WOHLWILL, J.F. (1991), "Environmental cognition in children" in D. Stokols, I. Altman (eds), *Handbook of Environmental Psychology,* Florida: Krieger Publishing Company, pp. 175-203.

HEGEL, F.G.W. (1947), *La Phénoménologie de l'esprit,* Paris: Aubier.

HEGEL, G.W.F. (1968), «Science de la logique», 1ère section, livre I, extraits cités dans CHATELET, F., *Hegel*, Paris: Seuil.

HEIDEGGER, (1958), *Essais et conférences Bâtir, habiter, penser*, Paris: Gallimard.

HERMAN, J.F. (1980), "Children's cognitive maps of large scale spaces: Effects of exploration, direction and repeated experience" in *Journal of Experimental Child Psychology*, n° 29, pp. 1426-463.

HERNANDEZ, F., SANCHO, J. (1989), "Children's knowledge of their environment: implications for urban education and urban planners" *in Journal of Architectural and Planning Research*, vol.6, n° 1, pp. 55-71.

HOLT., J. (1966), *Parents et maîtres face à l'échec scolaire (*traduit en Français par S.Audebert), Paris: Casterman.

HOLZKAMP, K. (1973), *The Social Function of Perception and its Origins in the History of Sense Cognition,* Frankfurt: Atheneum.

HONNORAT, A., SANSOT, P. (1998), «Qu'est-ce qu'une rue gaie?» in *L'esthétique de la rue*, Actes du Colloque d'Amiens, Paris: L'Harmattan, pp. 129-34.

HOUSSAYE, J. (1989), «Freinet pédagogue socialiste?», in Œuvre Collective, *Actualité de la pédagogie Freinet,* Bordeaux: Presses Universitaires de Bordeaux.

HSIA, Ch. J. (1988), "An epistemological critique of environmental idealism" in *Architecture et Comportement*, vol. 4, n° 4, pp. 295-314.

HURIOT, J.M., PERREUR, J. (1994), «La centralité» in J.P. Auray, A. Bailly, P.H. Derycke, J.M.Huriot (eds), *Encyclopédie d'économie spatiale*, Paris: Economica, pp. 47-53.

HUSEN, T. (1979), *The School in Question a comparative Study of the school and its future in Western Society,* Oxford University Press.

ILTUS, S., HART, R. (1995), "Participatory planning and design of recreational spaces with children" in K. Noschis (ed.), *Children and the City*, Monte Verita: Architecture and Behavior, pp. 27-36.

ISAMBERT-JAMATI, V. (1974), «Sociologie de l'école» in M. Debesse, G. Mialaret, *Traité des Sciences Pédagogiques*, vol.VI, Paris: P.U.F.

ISAMBERT-JAMATI, V. (1984), *Culture technique et critique sociale à l'école élémentaire,* Paris: P.U.F.

ITTELSON, W. (1973), "Environmental perception and contemporary perceptual theory" in W. Ittelson (ed.), *Environment and Cognition,* N. York, Seminar Press, pp. 1-20.

ITTELSON, W., PROSHANSKY, H., RIVLIN, L. (1970), "The environmental Psyxhology of psychiatric ward" in oeuvre collective, *Environmental Psychology*, United States, pp. 419-39.

JANET, P. (1928), *L'Évolution de la mémoire et de la notion du temps,* Paris: Maloine.

JENCKS, Ch. (1977), *Mouvements modernes en architecture*, Paris: Mardaga.

JODELET, D. (éd.), (1989), *Les représentations sociales,* Paris: PUF.

JODELET, D. (1982), «Les représentations sociospatiales de la ville» in Derycke, P. (dir.), *Conceptions de l'espace*, Recherches pluridisciplinaires de l'Université Paris X - Nanterre.

JOHNSON R. H. (1973), "The effects of jour modified element of a classroom's physical environment of a class" in *Dissertation abstracts international*, v. 34, n° 1002A.

JOLY, R. (1985), *La Ville et la civilisation urbaine*, Paris: Messidor/ Éditions Sociales.

JOLY, R. (1985), *La Ville et la civilisation urbaine.* Paris: Éditions Sociales

KANDINSKY, W. (1926), "Point and Line to Plane" in K.C. Lindsay, P. Vergo, Kandinsky-*Complete Writings on Art*, New York: Da Capo Press.

KAPLAN, S. (1973), "Cognitive maps, human needs and the designed environment" in W. F. Preiser (ed.), *Environment Design Research*, vol. I, Stroudsburg: Dowden Hutchinson & Ross, pp. 275-83.

KARADIMOU-GEROLYBOU A, KAFKOULA-VLACHOU, K. (1981), *Intervention urbaine dans les zones d'habitation. Eléments pour l'élaboration du projet* Thessalonique: Ecole Polytechnique, Université Aristote.

KARSTEN, L., BONGERTMAN, TH., HAAN, G. et al. (1995), *Building Identities-Gender Perspectives on Children and Urban Space*, Concluding Report, Amsterdam: University of Amsterdam, Department of Human Geography.

KAFKALAS, G., GIAUTZI, M. (éd.) (1977), *La Ville dans le système capitaliste*, Athènes: Odysseas.

KENNEDY, M. (1981), *La Construction d'écoles communautaires. Analyse d'expériences,* UNESCO.

KIRK, W. (1952), "Historical Geography and the concept of Behavioral Environment" in *Indian Geographical Society*, Silver Jubilee Souvenir and N. Subrahmanyam Memorial Volume, pp. 162-60.

KLAINE, R., BLOCH, E., PIERRON, J. (1984), *Qualité de la vie et centre ville*, Institut Européen d'Ecologie/Département des Sciences de l'Homme et de la Société.

KLAUE, K. (1984), *Le Rôle de l'échelle dans les figurations de l'espace chez l'enfant,* Genève: Gilbert Rey S.A. (Thèse présentée à la Faculté de Psychologie et des Science de l'Education de l'Université de Genève).

KLEIN, H.J. (1967), "The delimitation of the town-centre in the image of its citizens" in *Urban Core and Inner City,* Proceeding of the International study week, Amsterdam: University of Amsterdam, Sociographical Department.

KLETT, F., ALPAUGH, D. (1976), "Environmental learning and large-scale environments" in G. Moore, R. Colledge (eds), *Environmental Knowing*, Pennsylvania, Dowden, Hutchinson & Ross Publishing Company, pp. 121-30.

KOFFKA, K. (1935), *Principles of Gestalt Psychology*, New York: Harkourt and Brace.

KÖHLER, W. (1964), *Psychologie de la forme,* Paris: Gallimard.

KOKOREFF, M., STEINAUER, O. (2001), «Espace public et jeunes à Euralille» in G. Burgel, M. Herrou (éds), *Villes en Parallèle - La ville aujourd'hui entre public et privé*, n° 32-34, pp. 207-17.

KOOLHAAS, R., NOUVEL, J. & al. (1995), *Euralille. The Making of a New City Center*, Basel, Berlin, Boston: Birkhauser.

KORLELA, K., KYTTA, M., HARTING, T. (2002), "Restorative experience, self-regulation, and children's place references" in *Journal of Environmental Psychology*, vol. 22, pp. 387-98.

KOSMOPOULOS, P. (2000), *Psychologie sociale de l'environnement*, Thessaloniki: University Studio Press.

KOSSLYN, S.M., et al. (1974), "Cognitive maps in children and men" in *Child Development*, n° 45, pp. 707-16.

KOTSIOPOULOS, A. (1985), *Critique de la Théorie de l'Architecture*, Thessalonique: University Studio Press.

KPAMPEN, M. (1991), *Children's Drawings. Iconic Coding of the Environment,* New York, London: Plenum Press.

KRIER, L. (1982), "School at St Quentin-en-Yvelines" in *Architectural Design,* n° 5-6.

KRIER, R. (1980), *L'Espace de la ville. Théorie et pratique*, Bruxelles: Archives d'Architecture Moderne.

KYTTA, M. (2004), "The extent of children's independent mobility and the number of actualized affordances as criteria for child-friendly environments" in *Journal of Environmental Psychology*, vol. 24, n° 2, pp. 179-98.

LABASSE, J. (1971), *L'Organisation de l'espace. Eléments de Géographie volontaire,* Paris: Hermann.

LAGOPOULOS, A. (1998), «L'espace subjectif de Thessalonique. Codes et modèles» in A. Dagkas (éd.), *Thessalonique: métiers, production - commerce, vie sociale, 18ème-20ème siècle*, Thessalonique, pp. 155-62 (Actes du Colloque International 1 et 2-11-97)

LAGOPOULOS, A. PH. (1969), *Le Centre de la métropole*, Athènes: École Nationale Polytechnique Metsovio.

LAGOPOULOS, A., BOKLUND-LAGOPOULOU, K. (1992), *Meaning and Geography. The Social Conception of the Region in Northern Greece,* Berlin-New York: Mouton de Gruyter.

LANGDON, F.J. (1963), "The design of merchandized offices. A user study" in *Arhitect's Journal,* v. 137.

LAUNAY, M. (1989), «Un aspect des rapports entre Freinet et le P.C.F. Le voyage en U.R.S.S. de 1925» in P. Clanché, J: Testanière (éds), *Actualité de la pédagogie Freinet*, Actes du symposium tenu à l'Université de Bordeaux II, les 26-27-28 mars 1987, Presses Universitaires de Bordeaux.

LAZARIDIS, P. (édit.), *Villes nouvelles et habitation. Le cas de l'Angleterre,* Thessalonique: Paratiritis.

LAZARISSIS, P. (1980), *L'Évolution de la ville moderne - l'image de l'environnement de l'habitation,* Thessalonique: Paratiritis.

LE MEN, J. (1966), *L'Espace figuratif et les structures de la personnalité,* Grenoble: P.U.F.

LECUYER, R. (1976), «Adaptation de l'homme à l'espace, adaptation de l'espace à l'homme» in *Le Travail Humain*, 39/2.

LEDRUT, R. (1973), *Les Images de la ville,* Paris: Anthropos.

LEE, T. (1968), "Urban neighborhood as a socio-spatial schema" in *Human Relations*, n° 21, pp. 241-68.

LEE, T. R. (1975), "Psychology and Living Space" in R. Downs, D. Stea (eds), *Cognitive Mapping: Images of Spatial Environments,* Chicago: Aldine-Atherton.

LEE, T. (1976), *Psychology and the Environment,* London: Methuen.

LEE, T., ROWE, N. (1995), "Parents' and children;s perceiced risks of the journey to school" in K. Noschis (ed.), *Children and the City*, Monte Verita: Architecture and Behavior, pp. 45-56.

LEFEBVRE, H. (1977), *Le Droit à la ville* (trad. Grecque: P. Tournikiotis, C. Lauran), Athènes: Papazisis.

LEHNUNG, M., LEPLOW, B., et al. (2003), "Pointing accuracy in children is dependent on age, sex and experience'' in *Journal of Environmental Psychology*, vol. 23, n° 4, pp. 419-25.

LEKTORSKY V.A. (1980), *Subject, Object, Cognition*, Moscow: Progress Publishers.

LEONTIEV, A. (1976), *Le Développement du psychisme*, Paris: Éditions Sociales.

LEONTIEV, A. N. (1979), "The problem of activity in Psychology" in J.V. Wertsch (ed.), *The Concept of Activity in Soviet Psychology*, New York: Armonk, pp. 37-133.

LEONTIEV, A. (1984), *Activité, Conscience, Personnalité*, Moscou: Éditions du Progrès.

LEONTIEV, A.N. (1981), *Problems of the Development of the Mind*, Moscow: Progress Publishers.

LEROY, C., BEDOS, F., EIGUER, A. (1970), *Représentation de l'espace architectural*, Action Concentrée Urbanisation, RAUC.

LETERRIER, L. (1982), *Programmes, Instructions*, Paris: Hachette.

LEVY-LEBOYER, C. (1980), *Psychologie et environnement*, Paris: P.U.F.

LEWIN, K. (1975), *Psychologie dynamique*, Paris: P.U.F.

LIDDEL, H., SCOTT, R. (1966) *Greek-English Lexikon*, Oxford: Clarendon Press, p.1976.

LINDENBERG, D. (1972), *L'Internationale Communiste et l'Ecole de classe*, Paris: Masperro.

LOJKINE, J. (1977), *Le marxisme, l'état et la question urbaine*, Paris: Presses Universitaires de France.

LLOYD, R., HEIVLY, CHR. (1987), "Systematic distortions in urban cognitive maps", in *Annals of the Association of American Geographers*, vol. 77, n° 2, pp. 191-207.

LOWENTHAL, D. (1961), "Geography, experience, and imagination: towards a geographical epistemology" in *Annals*, Association of American Geographers, vol. 51, n° 3, pp. 241-60.

LUNDGREN, U.P. (1981), *Education as a Context for Work*, Stockholm Institute of Education, Department of Educational Research, Stockholm.

LUQUET, P. (1927), *Le Dessin enfantin*, Alcan.

LURCAT, L. (1982), *Espace connu, espace vécu à l'école maternelle*, Les éditions ESF.

LURCAT, L. (1976), *L'échec et le désintérêt scolaire à l'école primaire*, Paris: Cerf.

LYNCH, K. (1960), *The Image of the City*, Massachusetts, London: The M.I.T. Press.

LYNCH, K. (1977), *Growing up in Cities: Studies in Cracow, Melbourne, Mexico City, Salta, Toluca and Warszawa*, Cambridge/Massachusetts and London: The MIT Press.

LYNCH, K. (1979), "The spatial world of the child" in W. Michelson, S. Levine & E. Michelson (eds), *The child in the city*, London, Toronto: University of Toronto Press, pp. 102-27.

LYNCH, K. (1982), *Voir et planifier. L'aménagement qualitatif de l'espace*, Paris: Dunod.

LYOTART, F. (1979), *La Condition post-moderne*, Paris: Editions de Minuit.

MABILLE, (1950), «La technique du test du village» in *Revue de Morphopsychologie Humaine*.

MACLURE, S. (1984), *Educational Development and School Building aspects of public policy 1945-73*, London: Eastern Press Ltd.

MALOUTAS, TH. (1990), *Athènes, logement, famille*, Athènes: Exantas.

MANAKORDA, M.(1973), *Marx et la pédagogie moderne*, Athènes: Odysseas.

MANTZOU, P. (2003), "Mall as a pattern of public space" in Proceedings of The Conference *Transformations of the Greek City*, Athens.

MARILLAUD, J. (1991), «Jeu et sécurité dans l'espace public» in *Architecture and Behaviour, Jeu et contexte urbain* (special issue), vol.7, n° 2, pp.137-44.

MARX, K. (1976), *Critique du programme de Gotha*, Athènes: Korontzi.

MARX, K., ENGELS, F. (1976), *L'Idéologie allemande*, Paris: Éditions Sociales.

MARX, K., ENGELS, F. (1977), *Manifeste Communiste*, Athènes: Époque Contemporaine.

MARX, K., *Le Capital*, Livre premier, Paris: Éditions Sociales, 1976.

MARX, K. (1968), *Manuscrits de 1844*, Paris: Éditions Sociales.

MARX, K. (1980), *Manuscrits de 1857-1858 ("GRUNDRISSE")*, Paris: Éditions Sociales.

MAUER, R., BAXTER, J. (1972), "Images of the neighborhood and city among Black-, Anglo-, and Mexican-American children" in *Environment and Behavior*, vol. 4, n° 4, pp. 351-87.

MEHRABIAN, A. (1976), *Public places and private spaces the psychology of work, play and living environments*, New York: Basic Books.

METTON A. (1969), «Le quartier: étude géographique et psychosociologique» in *Canadian Geographer*, vol. XIII, n° 4, pp. 299-315.

MIALARET, G. (1979), *Les Sciences de l'éducation*, Paris: Presses Universitaires de France.

MICHAEL, S. (2000), «Mondialisation et Altération» in *Utopie* (revue grecque), n° 39, pp. 87-95.

MILGRAM, S., JODELET, D. (1976), "Psychological Maps of Paris" in H.M. Proshansky, W. Ittelson, L. Rivlin (eds), *Environmental Psychology: People and Their Physical Settings*, New York: Holt Rinehart and Winston.

MOCH, A. (12001), «Lectures croisées - Espaces et pratiques» in *Villes en Parallèle*, n° 32-34, pp. 65-67.

MOLES, A., ROHMER, E. (1972), *La Psychologie de l'espace*, Paris: Casterman.

MOLES, A., ROHMER, E. (1982), *Labyrinthes du vécu. L'espace: matière d'actions*, Paris: Librairie des Méridiens.

MOLLO, S. (1975), *Les Muets parlent aux sourds: les discours de l'enfant sur l'école*, Paris: Casterman.

MOORE, G. et al. (1994), *Recommendations for child play areas*, Milwaukee: University of Wisconsin, Center for Architecture and Urban Planning Research.

MOORE, G. T. (1987), "Physical environment and cognitive development in child care centers" in C.S. Weinstein and T.G. David (eds), *Spaces for*

Children: the Built Environment and Child Development, New York: Plenum Press.

MOORE, G. (1974), "Developmental variations between and within individuals in the cognitive representation of large-scale spatial environments" in *Man-Environment Systems*, vol. 4, pp. 55-57.

MOORE, G. (1976), "Theory and research on the development of environmental knowing" in G. Moore, R. Colledge (eds), *Environmental Knowing,* Pennsylvania: Dowden, Hutchinson & Ross Publishing Company, pp. 138-72.

MOORE, G., COLLEDGE, R. (1976), *Environmental knowing: Theories, Research and Methods,* Stroudsburg: Dowden, Hutchinson Ross, cop.

MOORE, G.T., LACKNEY, J.A. (1994), *Educational Facilities for the Twenty-First Century: Research Analysis and Design Patterns*, Milwaukee: University of Wisconsin, Center for Architecture and Urban Planning Research.

MOORE, G.T., LANE, G.G., COHEN, U., MCGINTY, T. (1994), *Recommendations for Child Care Centers*, Milwaukee: University of Wisconsin, Center for Architecture and Urban Planning Research.

MORIN, M., «Représentations sociales et évaluation des cadres de vie urbains» *in Bulletin de Psychologie*, vol. XXXVII, n° 366.

MORVAL, J. (1981), *Introduction à la psychologie de l'environnement*, Bruxelles: Mardaga.

MOUSSOUROU, L. (1985), *Travail des femmes et Famille en Grèce et ailleurs*, Athènes: Estia.

MOUSOUROU, L. (1989), *Sociologie de la famille moderne*, Athènes: Gutemberg.

MOUTSOPOULOS, A. (2001), *Les hybrides de la mondialisation. La culture de masse dans la périphérie*, Athènes: Futura-a-station

MUCHELLI, (1960), *Le Jeu du monde et le test du village imaginaire*, Paris: P.U.F.

MUCHOW, M., MUCHOW, H. (1935), *The Life Space of the Child in the Large City,* Hamburg: Verlag.

MUFORD, L. (1961), La Cité à travers l'histoire, Paris : Seuil.

MUNTAÑOLA THONBERG, J., 1996, *La Topogenèse - Fondement d'une architecture vivante,* Paris: Anthropos.

MUNTAÑOLA, J. (1987), *Descobrir el medi urba. Barcelona mostrada als infants*, Barcelona: Institut d'Ecologia Urbana de Barcelona.

NEISSER, U. (1967), *Cognitive Psychology*, New York: Appleton-Centurt-Crofts.

NEWCOMBE, N., LIBEN, L.S. (1982), "Barrier effects in the cognitive maps of children and adults" in *Journal of Experimental Child Psychology*, n° 34, pp. 46-58.

NIKOLAIDOU, S. X. (1984), *Introduction à la sociologie de l'espace,* Athènes.

NORBERB-SCHULZ, Ch. (1981), *Genius loci,* Paris: Mardaga.

NORBERG - SCHULZ, Ch. (1971), *Existence, Space and Architecture*, London: Studio Vista.

NOSCHIS K. (1984), *Signification affective du quartier,* Paris: Librairie des Méridiens, Sociologies au quotidien.

NOSCHIS, K., (éd.) (1995), *Les Enfants et la ville*, Monte Verita: Architecture et Comportement.

NYANGATOM, (Groupe) (1978), «Espace vécu et idéologie» in *Hérodote*, n° 1.

Œuvre collective (mars 1978), *L'Autosuffisance en matière d'espaces éducatifs*, U.I.A. Groupe de travail "espaces éducatifs", 4 séminaire, avec l'assistance de l'UNESCO, DAKAR 7-10.

Œuvre collective (1983), *A consultative document on hypotheses for education in AD 2000*, Conference at Westfied College 1-8 July 1983, Cambridge University Press.

Œuvre collective (1997), *Les Langages de la rue*, Espaces et Sociétés, vol. 90/91, Paris: L'Harmattan.

Œuvre collective (février 1969), *Architecture, Mythe et idéologie*, Séminaire No 3/Besoins fonctionnels de l'homme, Centre de Recherche d'Architecture, d'Urbanisme et de Construction.

Œuvre collective, *Buildings for school and community use five case studies*, UNESCO.

Œuvre collective, *Concertation dans le cadre des équipements sociaux intégrés*, Union Internationale des architectes - UIA Groupes de travail "espaces éducatifs" et "sports et loisirs", séminaire conjoint, le 23/27 Septembre 1979, Washington, D.C., USA,

Œuvre collective (1984), *Construire en participation,*. Paris: Centre de Création Industrielle.

Œuvre collective (1982), *La France contemporaine*, Paris: Éditions Sociales.

Œuvre Collective (1980), *Open plan schools*, NFER Publishing CoLtd for the Schools Council, London.

Œuvre Collective (1983), *The Urban School buildings for Education in London 1870-1980*, Greater London Council, London: The Architectural Press.

OLDS, A.R. (1989), "Psychological and physiological harmony in child care center design" in *Children's' Environments' Quarterly*, vol. 6, n° 4, pp. 8-16.

ORLEANS, P. (1970), "Differential cognition of urban residents: effects of social scale on mapping" in R. Downs, D. Stea (eds), *Image and Environment*, Chicago: Aldine Publishing Company, pp. 115-30.

OURY, F., PORCHET, C., VASQUEZ, A. (1981), *Vers une Pédagogie institutionnelle. De la classe coopérative à la pédagogie institutionnelle*, Paris: Maspero.

PALMADE, G. (1973), *Les Méthodes en pédagogie*, Paris: P.U.F.

PANERAI, PH., DEPAULE, J., DEMORGON M., VEYRENCHE, M. (1980), *Eléments d'analyse urbaine*, Bruxelles: Archives d'Architecture Moderne

PAPAGIANNOPOULOS, A. (1982), *Histoire de Thessalonique*, Thessalonique: Rekos.

PATESTOS, K. (2001), *La caisse du Moderne*, Athènes: Kastaniotis

PAUL-LEVY, F., SEGAUD, M. (1983), *Anthropologie de l'espace*, Paris: Centre de Création Industrielle - Centre Georges Pompidou.

PECHEUX, M., G. (1990), *Le Développement des rapports des enfants à l'espace*, Paris: Nathan.

PELLEGRINO, P. et al. (1983), *Identité Régionale et Représentations Collectives de l'Espace,* Genève: CRAAL - FNSRS.

PELLEGRINO, P. (1984), «Sémiotique, architecture et sciences humaines» in *Sémiotique, théorie et pratique,* La Haye.

PELLEGRINO, P. (1986), «Espace social, représentations collectives et transformations du territoire» in P. Pellegrino et al. (éd.), *La théorie de l'espace humain,* UNESCO, CRAAL - FNSR, pp. 7-12.

PELLEGRINO, P. (2000), *Le Sens de l'espace. L'époque et le lieu*, Paris: Anthropos.

PERRY, C.A. (1929), "The Neighbourhood Unit" in *Neighbourhood and Community Planning,* New York: Regional Plan of New York.

PETROVSKY, A.V. (1985), *Studies in Psychology*, Moscow: Progress Publishers.

PHOTOPOULOU-LAGOPOULOU, I. (1978), *L'évolution du centre d'Athènes*, thèse de Doctorat, Thessalonique: Université Aristote.

PIAGET, J. (1923), *Le Langage et la pensée chez l'enfant*, Neufchâtel, Paris: Delachaux et Niestlé S.A.

PIAGET, J. (1935), *La Naissance de l'intelligence chez l'enfant,* Paris: Delachaux et Niestlé.

PIAGET, J. (1937), *La Construction du réel chez l'enfant*, Neuchâtel et Paris: Delachaux et Niestlé.

PIAGET, J. (1950), *Introduction à l'épistémologie génétique*, Paris: Presses Universitaires de France.

PIAGET, J. (1951), *Plays, Dreams and Imitation in Childhood*, New York: w.w.Norton.

PIAGET, J. (1965), *Études Sociologiques,* Genève: Droz.

PIAGET, J. (1969), *Psychologie et pédagogie*, Paris: Denoël.

PIAGET, J. (1974), *Adaptation vitale et psychologie de l'intelligence,* Paris: Hermann.

PIAGET, J., INHELDER, B., SZEMNISKA, A. (1948), *La Géométrie spontanée de l'enfant*, Paris: Presses Universitaires de France.

PIAGET, J., INHELDER, B. (1981), *La Représentation de l'espace chez l'enfant,* Paris: P.U.F.

PIATON,G. (1974), *La Pensée pédagogique de Célestin Freinet,* Toulouse: Privat.

PICK, H. L. (1972), "Mapping children - mapping space". Paper presented at the American Psychological Association Meeting, Honolulu, HI.

PICK, H.L., LOCKMAN, J.J. (1981), "From frames of reference to spatial representations" in I.S. Liben, A.H. Patterson, N. Newcombe (eds), *Spatial Representation and Behavior along the Life Span*, New York: Academic, pp. 39-62.

PISTRAK, C. (1973), *Les Problèmes fondamentaux de l'école du travail,* Desclée de Brouwer.

PLATON, *Timée et Critias*, Cambridge and London: Loeb Classical Library.

PLENEL, E. (1985), *L'Etat et l'école en France*, Paris: Payot.

POCOCK, D.C.D. (1972), "City of the mind: A review of mental maps of urban areas" in *Scottish Geographical Magazine*, vol. 88, n° 2, pp. 115-24.

POCOCK, D.C.D. (1974), *The nature of environmental perception* (Occasional Publications NS4), Department of Geography, University of Durham.

POCOCK, D.C.D. (1979), "The contribution of mental maps in perception studies" in *Geography*, vol. 64, n° 285, pp. 279-87.

PORCHER, L., FERRAN, P. (1970), *Pour Comprendre le tiers-temps pédagogique,* Paris: Armand Colin.

PRESCOTT, E., KRITCHEVSKY, S. (1967), *Group day care as a child rearing environment an observational study of day care programs*, Pacific Oaks College, Pasadena, États-Unis.

PROSHANSKY H.M. & AL. (1983), "Place-identity: Physical world socialization of the self" in *Journal of Environmental Psychology*, n° 3, pp. 57-83.

PROSHANSKY, H.M. (1976), "Environmental psychology and the real world" in *American Psychologist*, n° 31.

PROST, A. (1968), *Histoire de l'enseignement en France 1800-1967*, Paris: Armand Collin.

PRUDHOMMEAU, (1951), *Le Dessin de l'enfant,* Paris: P.U.F.

RAGON, M. (1958), *Le Livre de l'Architecture Moderne*, Paris: Laffond.

RAGON, M. (1972), *Histoire Mondiale de l'Architecture et de l'Urbanisme Modernes,* vol. 2, Paris: Casterman.

RAGON, M. (1977), *L'Architecte, le prince et la démocratie*, Paris: Alvin Michel.

RAND, G. (1969), "Some Copernican views of the city" in *Architectural Forum,* vol. 132, n° 9, pp. 77-81.

RAPOPORT, A. (1977), *Human Aspects of Urban Form - Towards a Man-Environment Approach to Urban Form and Design*, New York: Pergamon Press.

RAPOPORT, A. (1990), "Systems of activities and systems of settings" in S. Kent (ed.), *Domestic Architecture and the use of Space*, Cambridge: Cambridge university Press, pp. 9-20.

RAPOPORT, A. (1991), "Flexibility, open-endedness and design " in *People and Physical Environment Research* (Australia), n° 34-35, pp. 53-73.

REIMMER, E. (1972), *School is dead,* Penguin.

REMY, J. (1992), *La Ville: vers une nouvelle définition,* Paris: L'Harmattan

REY, A (1948), «Epreuve de dessin. Témoin du développement mental» in *Archives de psychologie*, Delachaux et Niestlé.

REYMOND-RIVIER, B. (1990), *Le Développement social de l'enfant et de l'adolescent*, Bruxelles: Mardaga.

RICHMOND, P. (1970), *Introduction à la théorie Piagétienne*, Athènes: Hypodomi.

RIOUX, G. (1951), *Dessin et structure mentale - Contribution à l'étude psychosociale de milieux nord-africaines,* thèse - Faculté des Lettres d'Alger.

RIVLIN, L.G. (1987), "The Neighbourhood, Personal Identity, and Group Affiliations" in I. Altman, A. Wandersman, *Neighbourhood and Community Environments,* pp. 1-33, série Human Behavior and Environment - Advances in Theory and Research, vol. 9, N. York/London: Plenum Press.

ROGERS, C. (1966), *Liberté pour apprendre?,* Paris: Dunod.

RONCAYOLO, M. (1988), *La Ville et ses territoires*, Paris: Gallimard.

ROSSI, A. (1981), *L'Architecture de la ville*, Paris: L'équerre.

ROTH, A. (1966), *La Nouvelle Ecole,* Zürich.

ROUSSEAU, J.J. (1819), *Emile ou de l'éducation*, Paris: Lédoux et Tenré.

ROUSE, W., MORRIS, N. (1986), "On looking into the Black Box: Prospects and limits in the search for mental models" in *Psychological Bulletin*, vol. 100, n° 3, pp. 349-63.

RUSSEL, J.A., WARD, I.M. (1982), "Environmental Psychology" in *Annual Review of Psychology*, n°. 33, pp. 651-88.

SARIGIANNIS, G. M. (1987), *Introduction à l'histoire et à la théorie de la ville,* Athènes.

SAUER, C.O. (1941), "Forward to Historical Geography" in *Annals*, Association of American Geographers, vol. 31, pp. 1-31.

SAUVY, J. et S. (1972), *L'Enfant à la découverte de l'espace*, Paris: Casterman.

SAVITCH, H.V. (1996), *Post-industrial cities,* Princeton

SAXW, G.B., GEARHART, M., NOTE, M., PADUANO, P. (1993), "Peer interaction and the development of mathematical and educational practice" in H. Daniels (ed.), *Charting the Agenda-Educational activity after Vygotsky,* London, New York: Rontledje, pp. 107-44.

SCHNEUWLY, B., BRONCKART, J. P. (eds), (1985), *Vygotsky aujourd'hui,* Neuchâtel, Paris: Delachaux et Niestlé.

SCHOGGEN, Ph. and M. (1984), "Some emerging common themes in Environment-Behavior Research" in *Peabdy Journal of Education*, vol. 61, n° 3, pp. 37-51.

SEABORNE, M. (1971), *Primary School Design,* London: Routledge and Kegan Paul.

SEMENOWICZ, H., (1986), *Célestin et Elise Freinet.* Bibliographie Internationale (1920-1978), Paris: INRP.

SERVIER, J. (1979), *L'Utopie*, Paris: P.U.F.

SHAPCOTT, M., STEADMAN, Ph. (1978), "Rhythms of urban activity" in T. Carlstein, P. and N. Thrift (eds), *Human Activity and Time Geography,* Arnold.

SHEMYAKIN, F. (1962), "Orientation in space" in *Psychological Science in the USSR*, vol. I, pp. 186-255.

SIEGEL, A. (1981), "The externalization of cognitive maps by children and adults: in search of ways to ask better questions" in L. S. Liben, A. H. Patterson, N. Newcombe (eds), *Spatial Representation and Behavior across the Life Span,* New York: Academic Press, pp. 167-94.

SIEGEL, A., WHITE, Sh. (1975), "The development of spatial representations of large-scale environments" in W. Reese (ed.), *Advances in child development and behavior,* N. York: Academic Press.

SIEGEL, A.W., KIRASIC, K.C., KAIL, R.V. (1978), "Stalking the elusive cognitive map" in I. Altman, J.F. Wohlwill (eds), *Children and the Environment*, New York: Plenann, pp. 223-58.

SIEVERTS, Th. (1966), "Perceptual images of the city of Berlin" in *Urban Core and Inner City,* Proceedings of the International Study Week, University of Amsterdam - Sociographical Department, Amsterdam: Leiden, Brill.

SITTE, C. (1980), *L'Art de bâtir des villes. L'urbanisme selon ses fondements artistiques*, Paris: L'équerre.

SIVADON, P. (1970), "Space as experienced Therapeutic Implications" in Œuvre collective, *Environmental Psychology,* United States.

SKINNER, B.F. (1938), *The Behavior of Organisms: An Experimental Analysis*, New York: Appleton-Century-Crofts.

SOMMERS, R. (1977), "Classroom layout" in *Theory into practice*, v. 16 n° 3, États-Unis.

SOMMER, R. (1980), "The soft classroom" in *Environment and behavior*, v.12 n° 1, États-Unis.

SOMMER, R. (1967), "Classroom ecology" in *Journal of applied behavioral science*, v. 3, États-Unis.

SOMMER, R. (1969), *Personal Space, the Behavioral Bares on Design*, London: Prentice Hall.

SPENCER, Ch., BLADES, M., MORSLEY, K. (1989), *The Child in the Physical Environment. The Development of Spatial Knowledge and Cognition*, New York: John Wiley & Sons.

SPIRIDONIDIS, K. (1988), *Projet urbain et sens dans la pratique du projet contemporaine,* thèse de Doctorat, Université Aristote de Thessalonique, Département d' Architecture.

STAMATIS, G. (2000), «La démythification de l'idéologie du marché» in *Utopie* (revue grecque), n° 39, pp. 63-73.

STATHAKOPOULOS, P. (1982), *Villes nouvelles. Construction organisée en France*, Athènes: Karagouni.

STEA, D., BLAUT, J. M. (1975), "Notes toward a developmental theory of spatial learning" in R. Downs, D. Stea (eds), *Cognitive mapping: images of spatial environments*, Chicago: Aldine-Atherton.

STEA, D., BLAUT, J. (1973), "Some preliminary observations on spatial learning in school children" in R.M. Downs, D. Stea (eds), *Image and Environment,* Chicago: Aldine Publishing Company, pp. 226-34.

STETSENKO, A. (1993), "Vygotsky: Reflex ions on the reception and further development of his thought" in *Activity Theory*, vol. 13, n° 14, pp. 38-45.

SUQUET-BONNAUD, A. (1966), *Le Problème des centres des villes à l'étranger*, Paris: C.E.D.E.S.

SUTTON, Sh. E., KEMP, S. P. (2002), "Children as partners in neighborhood placemaking: lessons from intergenerational design charrettes" in *Journal of Environmental Psychology*, vol. 22, n° 1-2, pp. 171-89.

SYGOLLITOU, E. (1987), *Approche écologique du comportement de l'enfant d'âge prescolaire*, thèse de Doctorat, Université Aristote de Thessalonique, Département de Psychologie et Pédagogie.

SYGOLLITOU, E. (1993-94), *Introduction à la Psychologie de l'Environnement*, Thessalonique: Université Aristote.

SZE TSUNG L. (2001), "...And then there was shopping" in R. Koolhaas and al. (eds), *The Harvard Design School Guide to Shopping*, New York: Taschen, pp. 129-56.

TABOURET, R.J. (1974), «Quand et pourquoi parler d'espace à propos de l'amémanagement des lieux et édifices» in Association de Psychologie Scientifique de Langue Française, *De l'espace corporel à l'espace écologique* (symposium), Paris: P.U.F.

TAFURI, M. (1990), *Architecture, Utopia-Design and Capitalist Development*, Cambridge: The M.I.T. Press.

TAFURI, M. (1979), *Projet et utopie,* Paris: Dunod.

TAYLOR, R., BROWER, S. (1985), "Home and near-home territories" in I. Altman, C. Werner (eds), *Home Environments*, New York/London: Plenum Press.

TENTOKALI, V. TSOUKALA, K. (1993), "Repatriates and public space" in A. Mazis, K. Karaletsou (eds), *Environmental metamorphoses: Builtscape, Landscape, Ethnoscape, Euroscape*, Proceedings of the 12th International Conference on the Study of People and their Surroundings (IAPS), Thessaloniki: Art of Text.

TERENCE, L., ROWE, N. (1994), "Parents' and children's perceived risks of the journey to school" in *Architecture and Behaviour*, Children and the City (special issue), vol. 10, n° 4, pp. 379-90.

TESTA, C. (1975), *Nouveaux équipements pédagogiques,* Zürich.

TESTANIERE, J. (1981), *Les enfants des milieux populaires et l'école. Une pédagogie populaire est-elle possible?,* Thèse de doctorat presentée devant l'Université de Paris IV.

TESTANIERE, J. (1989), «Le P.C.F. et la pédagogie Freinet (1950-1954)» in œuvre collective, *Actualité de la pédagogie Freinet,* Presses Universitaires de Bordeaux.

THEVENAZ, P. (1966), *De Husserl à Merleau Ponty,* Cahiers de Philosophie, Neuchatel: Éditions de la Baconnière.

TOLMAN, E.C. (1932), *Purposive Behavior in Animals and Men,* New York: Century.

TOLMAN, E.C. (1973), "Cognitive maps in rats and men" in R.M. Downs, D. Stea (eds), *Image and Environment,* Chicago: Aldine Publishing Company, pp. 27-50.

TÖNNIES, F. (1940), *Fundamental Concepts of Sociology* (trad. par C. Loomis), New York: American Book Co.

TORELL, G. (1990), "Children's conception of large-scale environments" in *Géteborg Psychological reports*, vol. 20, n° 2.

TORELL, G. (1990), "The acquisition and development of environmental cognition in children" in *Géteborg Psychological reports*, vol. 20, n° 1, pp. 1-23.

TORELL, G., BIEL, A. (1985), "7 parental restrictions and children's acquisition of neighborhood knowledge" in T. Gärling, J. Valsiner (eds), *Children within environments,* New York: Plenum, pp. 107-18.

TROWBRIDGE, C. C. (1913), "Fundamental methods of orientation and imaginary maps" in Science, n° 88, pp. 888-97.

TSIMBIDOU-AVLONITI, M. (1997), *Thermi. Histoire et Civilization,* Municipalité de Thermi (Entreprise Municipale pour le Développement Touristique et Culturel).

TSOUKALA, K. (1989), «Espace et vécu scolaire» in *Le Nouvel Educateur,* n° 6, pp. 1-3.

TSOUKALA, K. (1990), *Perception de l'espace scolaire et pratique pédagogique: Etude comparative entre pédagogie formelle et pédagogie Freinet dans les types architecturaux fermé et ouvert,* thèse de Doctorat sous la direction de Prof. P. Clanché, Université de Bordeaux II.

TSOUKALA, K. (1991), «Construction des représentations spatiales - Approches épistémologiques» Communication présentée au symposium *Représentations spatiales*, organisée par l'Université Atistote de Thessalonique.

TSOUKALA, K. (1992), «Psychologie et espace» in *Ta Ekpedeftika*, n° 27-28, pp. 102-12.

TSOUKALA, K. (1993), «Morphoses verbales, métamorphoses spatiales. Le cas de la représentation de l'espace urnain chez l'enfant» in A. Mazis, K. Karaletsou (eds), *Environmental Metamorphoses. Builtscape, Landscape, Ethnoscape, Euroscape*, Actes du Congrès, Thessaloniki: Art of Text, pp. 351-57.

TSOUKALA, K. et al. (1993), «Children's mental metamorphosis of a familiar route» in A. Mazis, K. Karaletsou (eds), *Environmental Metamorphoses: Builtscape, Landscape, Ethnoscape, Euroscape*. Actes du Congrès International de l'IAPS 12, Thessalonique: Art of Text.

TSOUKALA, K. (1994), «De l'espace réel à l'espace idéal» in P. Pellegrino (éd.), *Figures architecturales et Formes urbaines*, Genève: La Bibliothèque des formes, Anthropos - Economica, pp. 673-84.

TSOUKALA, K. (1994), «Le sens de la ville et l'éducation de l'enfant» in S. Kamaroudis, E. Chodolidou (éds), *Sémiotique et Enseignement*, Actes du Congrès de la Société Hellénique de Sémiotique Thessaloniki : Paratiritis, pp.89 - 98.

TSOUKALA, K. (1994), «Perception de l'espace scolaire par les écoliers, étude comparative, pédagogie formelle, pédagogie Freinet», in P. Clanché, E. Debarbieux, J. Testanière, *La pédagogie Freinet. Mises à jours et perspectives*, Bordeaux: Presses Universitaires de Bordeaux, pp. 361-70.

TSOUKALA, K. (1995), "Child and urban space" in *Technika Chronika* (Scientific Journal of the TCG), vol. 15, n° 1-2, pp. 21-29.

TSOUKALA, K. (1995), «Espace bâti et relations topologiques» in *Revue Scientifique* de l'Ecole Polytechnique de Thessalonique, vol. 13, pp. 369-79.

TSOUKALA, K. (1995), «La ville en tant qu'environnement d'expériences pour l'enfant» in *Architecture and Behaviour*, La ville et l'enfant (special issue), vol. 10, n° 4 et vol.11, n° 1, pp. 61-65.

TSOUKALA, K. (1995), «La Ville en tant qu'environnement d'expériences pour l'enfant» in K. Noschis (éd), *Les enfants et la ville - Children and the city*, Lausanne : Comportements.

TSOUKALA, K. (1996), "Piaget and Vygotsky. Differences in environmental knowing and implications on design" in *Technika Chronika*, vol. 16, n° 1-2, pp. 17-20.

TSOUKALA, K. (1996), «Sens et représentation mentale: Le cas du quartier» in A.F. Lagopoulos, K. Bocloud, B. Tentokali, K. Tsoukala (éds.) *Homme le Signifiant,* Tome II / *Le regard postmoderne - l'espace mental,* Thessalonique: Paratiritis, pp. 305-20.

TSOUKALA, K. (1997), «Systèmes d'activités, systèmes de lieux et image de la ville», Communication présentée au Colloque International de Sémiotique *L'espace dans l'image et dans le texte* (Urbino).

TSOUKALA, K. (1997), «Vers une typologie de la communication du sens par l'intermédiaire de l'espace» in J. Muntañola (éd.), *Architecture, sémiotique et sciences humaines. Topogenèse,* Barcelona: UPC, pp. 483-98.

TSOUKALA, K. (1998), «Activité sociospatiale et perception de l'espace scolaire» in *Tracer*, n° 14, pp. 57-63.

TSOUKALA, K. (1998), *Tendances de l'architecture scolaire. De la fonctionnalité pédocentrique à l'approche postmoderne*, Thessalonique: Paratiritis.

TSOUKALA, K. (1998), "The Home Concept in Child", Research Report, Thessaloniki: Aristotle University of Thessaloniki.

TSOUKALA, K. (1999), «Psychologie de l'environnement et espace scolaire» *in Bulletin Scientifique* de l'Ecole Polytechnique de Thessalonique, tome15/B, pp. 605-521.

TSOUKALA, K. (1999), «Child and outdoor environment : A socio-ecological approach to play activiies» in *Revue Scientifique de l'École Polytechnique de Thessalonique*, tome16 (1997-1998), pp.115 - 23.

TSOUKALA, K. (1999), *Ville, enfant et représentation de l'espace*, thèse de Doctorat - sous la direction du Prof. G. Burgel -, Université Paris X, Nanterre.

TSOUKALA, K. (2000), «L'Étude de la relation enfant - espace à travers les représentations cognitives» in *Villes en Parallèles* (Laboratoire de Géographie Urbaine - Université Paris X, Nanterre), *Ville et Environnement-Approche Psychosociologique*, n° 28/29, pp. 60 -77.

TSOUKALA, K. (2001), *L'Image de la ville chez l'enfant*, Paris: Anthropos

TSOUKALA, K., DANIIL, M. (2003), "From place to no-place: The new structure of public space in Greek city" in Proceedings of The Conference *Transformations of the Greek City*, Athens.

TSOUKALA, K., DANIIL, M. (2004), «Métapolis: The destiny of the city during the globalization age» in *Journal of Humanities*, n°1, pp. 873 - 84.

TSOUKALA, K., DANIIL, M. (2004), "An evaluation of new public space. The case of multifunctional commercial complexes" in *B. Martens, A. Keul (eds), Evaluation in Progress,* Göttingen: Hogrefe & Huber Publishers.

DANIIL, M., TSOUKALA, K. (2004), "From entertainment parks to contemporary entertainment culture: The new urban setting" in *Revue Scientifique* de l'École Polytechnique de Thessalonique.

TZONOS, P. (1985), *Quatre systèmes des valeurs dans la théorie de l'architecture contemporaine*, Thessalonique: Paratiritis.

UEXKÜLL, J. (1965), *Mondes animaux et monde humain*, Paris: Denoël/ Gonthier.

ULMAN, J. (1982), *La Pensée éducative contemporaine*, Paris: Librairie philosophique J. Vrin.

ULVUND, S. E. (1981), "The psychological basis for the identification of physical environmental parameters in the development of early cognitive competence" in *Scandinavian Journal of Education Research*, vol. 25, n° 3, pp. 125-40.

UNRUG, M. Ch. (1974), *Analyse de contenu et acte de parole*, Paris: Éditions universitaires.

VALSINER, J. (ed.) (1988), *Child Development within Culturally Structured Environments. Parental Cognition and Adult-Child Interaction,* Norwood-New Jersey: Ablex Publishing Corporation.

VALSINER, J. (1989), *Human Development and Culture. The social nature of personality and its study,* Massachusetts: Lexington Books.

VAN LEEUWEN, P. (1971), «Constructions spontanées» in *Architecture d'Aujourd'hui*, n° 154.

VERNANT, J.P. (…), *Mythe et pensée en Grèce ancienne* (texte traduit en grec), Athènes : Egnatia.

VINCENT, G. (1980), *L'École primaire française. Étude sociologique*, Lyon: Presses Universitaires de Lyon, Éditions de la Maison des Sciences de l'homme.

VINSEL, A. M. (1977), "Analysis of Hall's proxemics framework" in *Human behavior and environement*, vol. 2, New York: Plenum Press.

VIRILIO, P. (2001), *Cybermonde. La politique du pire*, Paris: Textuel.

VURPILLOT, E. (1974), «Les débuts de la construction de l'espace chez l'enfant» in Association de Psychologie de la Langue Française, *De l'Espace corporel à l'espace écologique* (symposium), Paris: P.U.F.

VYGOTSKY, L.S. (1962), *Thought and Language*, Cambridge, Massachusetts: M.I.T. Press.

VYGOTSKY, L.S. (1979), "The instrumental method in Psychology" in *The Concept of Activity in Soviet Psychology*, J.V. Wertsch (ed.), New York: Armonk, pp. 134-43.

VYGOTSY, L. (1987), *Mind in Society. The development of Higher Psychological Processes*, London: M. Cole, V. Steiner, S. Scribner, E. Souberman.

WALBERG, H. (1969), "Physical and psychological distance in the classroom" in *School Review*, vol. 77, n° 1, pp. 64-70.

WALLON, H. (1932), «De l'expérience concrète à la notion de causalité et à la représentation-symbole» in *Journal Psychologique*, n° 1-2.

WALLON, H. (1970), *De l'Acte à la pensée*, Paris: Flammarion.

WALLON, H., LURCAT L. (1962), «Espace postural et espace environnant» in *Enfance*, n° 1.

WALLON, H., LURCAT, L. (1959), «L'espace graphique de l'enfant» in *Journal de Psychologie*.

WARNSER, J.P. (1999*), La Mondialisation de la culture*, Paris: La Découverte et Syvos.

WARREN D. (1971), "Neighborhoods in urban areas" in *The Encyclopaedia of Social Work*, New York: National Association of Social Work, pp. 722-82.

WEBER, M. (1982), *La Ville*, Paris : Aubier Montaigne.

WEINSTEIN C.S. "The physical environment of the school a review of the research" in *Review of education research*, vol.49, n° 4.

WELLS, N. M., EVANS, G. W. (1998), "Nearby nature: a buffer of life stress among rural children" in *Environment and Behavior*, vol. 35, n° 3, pp. 311-30.

WERNER, H. (1957), "The concept of development from a comparative and organismic point of view" in D. B. Harris (ed.), *The Concept of Development*, Minneapolis: University of Minnesota Press, pp.125-48.

WERTSCH, J.V. (1979), *The Concept of Activity in Soviet Psychology*, New York: Armonk.

WHITE, G.F. (1990), "The choice of use in resource managements" in *Narural Resources Journal*, vol.1

WHITE, L. A. (1949), *The Science of Culture. A study of Man and Civilization*, New York: F. S. and Co.

WIDLÖCHER, D. (1965), *L'interprétation des dessins d'enfants,* Paris, Bruxelles: Mardaga.

WRIGHT, K. (1947), "Terra Incognita: The place of imagination in Geography" in *Annals*, Association of American Geographers, vol. 37, pp. 1-15.

YEROLIMPOS, A. (1985-86), *La Reconstruction de Salonique en 1917. Un tournant dans la formation de la ville et l'urbanisme néohellénique,* Thessalonique: Municipalité de Thessalonique.

ZAFIROPOULOS, S. (1990), "Meaning in Space Limits: The Greek Approach" in P. Pellegrino (éd.*), Figures architecturales et formes urbaines*, Actes du Congrès de l'Association Internationale de Sémiotique de l'Espace, Genève: Anthropos, Economica.

ZAFIROPOULOS, S., STATHAKOPOULOS, P., TSITIRIDOU, S., TSOUKALA, K. (1985), «La ré-valorisation du centre de la ville. Le cas de Larissa. Référence à Thessalonique» in Actes du Colloque *Environnement et Qualité de vie*, Thessalonique, vol. 1, pp. 53-60.

ZAFIROPOULOS, S., STATHAKOPOULOS, P., TSITIRIDOU, S., TSOUKALA, K. (1986), «Concept et fonction du centre ville» in *Revue Scientifique de l'École Polytechnique de Thessalonique*, vol. 9, pp. 437-97.

ZAZZO, R. (1948), «Le dessin chez l'enfant» in *Bulletin du groupe d'études de Psychologie de l'Université de Paris*, n° 9.

ZAZZO, R. (1950), «Le geste graphique et la structuration de l'espace» in *Enfance*.

ZIMRING, C., DALTON, R. (2003), "Linking objective measures of space to cognition and action" in *Environment and Behavior*, vol. 35, n° 1, pp. 3-16.

INDEX

A

B

C

D

E

F

G

H

I

R

S

T

U

L'HARMATTAN, ITALIA
Via Degli Artisti 15 ; 10124 Torino

L'HARMATTAN HONGRIE
Könyvesbolt ; Kossuth L. u. 14-16
1053 Budapest

L'HARMATTAN BURKINA FASO
Rue 15.167 Route du Pô Patte d'oie
12 BP 226
Ouagadougou 12
(00226) 50 37 54 36

ESPACE L'HARMATTAN KINSHASA
Faculté des Sciences Sociales,
Politiques et Administratives
BP243, KIN XI ; Université de Kinshasa

L'HARMATTAN GUINEE
Almamya Rue KA 028
En face du restaurant le cèdre
OKB agency BP 3470 Conakry
(00224) 60 20 85 08
harmattanguinee@yahoo.fr

L'HARMATTAN COTE D'IVOIRE
M. Etien N'dah Ahmon
Résidence Karl / cité des arts
Abidjan-Cocody 03 BP 1588 Abidjan 03
(00225) 05 77 87 31

L'HARMATTAN MAURITANIE
Espace El Kettab du livre francophone
N° 472 avenue Palais des Congrès
BP 316 Nouakchott
(00222) 63 25 980

L'HARMATTAN CAMEROUN
BP 11486
Yaoundé
(00237) 458 67 00
(00237) 976 61 66
harmattancam@yahoo.fr

V

W